東京點心教室的私房甜點配方

43道甜而不膩的居家甜點食譜

marimo

前言

每次只要跟人提到：「其實我不是很喜歡吃甜食……」對方都會驚訝地說：「什麼！妳不是甜點研究家嗎！？」可能是因為小時候沒有吃零食的習慣，我並不是很喜歡吃甜食。至於愛上甜點的契機，則是發生在我的大學時期。我在打工時吃了店裡賣的手工甜點，那味道令我非常感動，心想：「居然有這種不甜又好吃的甜點！」自從發現其實我可以做自己喜歡的甜點來吃，我就開始去上烘焙教室。出社會上班以後，也同時在烘焙學校上課，開啟了與甜點為伍的日子。後來，製作甜點也成為了我的職業。

我在設計食譜的時候都會特別注意一點，那就是「要精心製作一次吃得完而且甜而不膩的甜點」。

我會留意甜味與其他材料的味道之間的平衡，讓甜點的美味不光只有依賴甜度。許多由我設計的甜點食譜，原本不愛吃甜的人也能接受。

至於要做一次吃得完的份量，是因為我希望趁著甜點剛做好時就好好品嘗它的味道。而且比起只能一直吃同一種甜點，我更想要品嘗各種不同的甜點！這麼一來，使用到的材料份量也會比較少，所以我想應該會是方便在家DIY的甜點食譜。

而為了做出美味好吃的甜點，就要很仔細注意每一個製作環節。奶油與雞蛋已經退冰至常溫狀態了嗎？攪拌盆的邊緣還有沒有尚未攪拌均勻的殘粉？只要仔細確認這些瑣碎的環節，不需要高難度的技巧也能順利地做出好吃的甜點！

這本書介紹的食譜包含甜點新手也能輕鬆上手的簡易烘焙甜點、適合送禮的巧克力甜點、不用烤箱也能完成的甜點，以及許多人心中的夢幻甜點。

每一份食譜都有標示「point」，也就是我希望各位都能掌握的「製作細節」，請各位務必照著做做看。實際做過以後，想必會深深感嘆：「就這麼一個部分不一樣，就能變得這麼好吃！」

為了每一位想要「做出美味甜點」的讀者，我完成了這本甜點書。倘若各位能夠透過書裡的食譜，更加享受製作甜點的樂趣，我將感到非常開心。

marimo

contents

不用烤箱也能做的超簡單甜點

最想挑戰的夢幻甜點

寫給本書讀者

○甜點名稱旁邊或下方的標示，是這款甜點的最佳賞味時機，以及最佳賞味期限、保存方式。

最佳賞味時機標示

剛出爐 剛完成 靜置一天 冷藏後更美味

・如未標示，則代表該甜點的風味在賞味期限內不會變化太大。

・使用植物油製作甜點，特徵是冷藏後也不容易變硬。

最佳賞味期限與保存方式標示

當天 常溫○～○日 常溫○週
冷藏○～○日 冷藏○週 冷凍○週

・常溫保存指的是放在避免陽光直射、高溫、高溼的陰涼處（20～25℃）

・即使是標示常溫保存的甜點，夏天一樣要冷藏保存

○作法中的重點會以紅字呈現，請按照紅字的內容操作。

○食譜中的1小匙為5mℓ，1大匙為15mℓ。

○微波爐的加熱時間以火力600W為基準。如火力為500W，加熱時間為1.2倍；如火力為700w，請加熱0.9倍的時間。

○加熱器具以瓦斯爐為基準。如為IH爐等其他器具，請參考器具上的調理時間。食譜如未標示火力，則一律為中火。

本書的主要材料

低筋麵粉

使用容易購得的「日清製粉VIOLET低筋麵粉」，這是一款適合製作甜點的低筋麵粉。如果想提升層次，可以試試看能讓餅乾更酥脆的「日清製粉ECRITURE低筋麵粉」，以及讓蛋糕更濕潤的「江別製粉DOLCE低筋麵粉」。

泡打粉

用於烘焙甜點的食品膨鬆劑，使用時要先與其他粉類一同過篩。少量的泡打粉就會有明顯的效果，請依食譜記載的份量添加，不要放太多。圖為「朗佛德（Rumford）」的無鋁泡打粉，推薦給各位。

太白胡麻油

以植物油代替奶油時，建議使用沒有特殊氣味的太白胡麻油。這一款胡麻油未經焙炒，因此不會出現胡麻油特有的香氣，可以做出口感清爽的甜點。

奶油乳酪

使用在超市可以輕易購得的「PHILADELPHIA奶油乳酪」。本書介紹的起司蛋糕份量剛好可以用完一整盒的奶油乳酪。

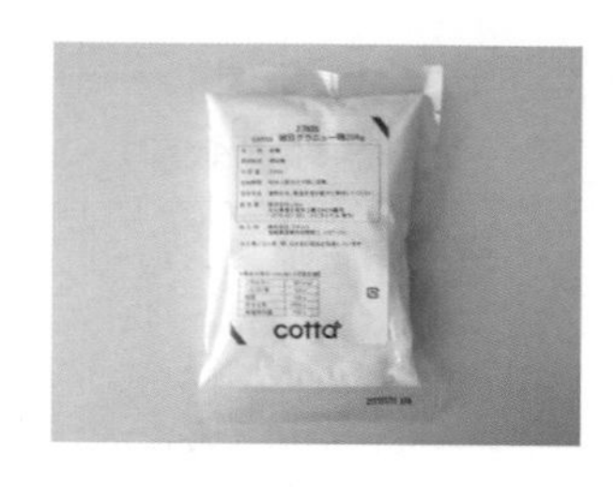

細砂糖

製作甜點的砂糖建議使用沒有特殊氣味的細砂糖。我使用的細砂糖是在網路烘焙材料行cotta購買的自有品牌商品。這款砂糖的特徵是顆粒很細，容易與其他材料拌勻。

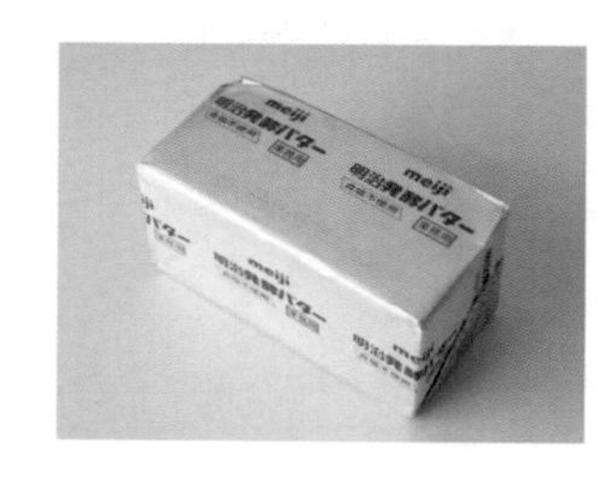

奶油

製作甜點使用的奶油為無鹽奶油。即使只有少量的「鹽」，放在甜點當中也會明顯感受得到，務必多加注意。我通常都使用奶油風味更加明顯的發酵奶油。發酵奶油與普通奶油的價差不大，在烘焙材料行就買得到。

原味優格

在烘焙甜點裡加入優格，可以讓麵糊變得更輕盈。本書介紹的瑪芬蛋糕、檸檬蛋糕、戚風蛋糕等等，也都是借助優格的威力烤出蓬鬆輕盈的蛋糕體。使用的優格為不添加糖的原味優格。

鮮奶油

本書使用乳脂含量42%的鮮奶油。乳脂含量高的鮮奶油更容易打發，但過度打發會導致油水分離，要多注意。

材料贊助：cotta株式會社富澤商店（TOMIZ）

杏仁粉

將杏仁果實碾碎而成的粉末。本書使用cotta的「西班牙產杏仁粉」。在餅乾的材料加入杏仁粉，可以增添酥脆鬆軟的口感；在蛋糕麵糊當中加入杏仁粉，則能增添濕潤鬆軟的口感。

可可粉

本書使用容易購得的「VAN HOUTEN可可粉」。製作甜點要使用不加砂糖與奶粉的純可可粉。

吉利丁

市面上常見的是吉利丁粉，但建議使用比吉利丁粉更好溶解的吉利丁片。吉利丁片通常都很大一片，要剪成小塊再泡水使用。

堅果類

本書使用的堅果類有核桃、開心果、綜合堅果等等。如堅果需焙炒，食譜當中都會另外標示，生鮮的堅果請先以烤箱烘烤或平底鍋拌炒過再使用。堅果口感脆硬，且香氣迷人（圖片由上而下分別為富澤商店的「烘焙綜合堅果」、「Howard品種核桃」）。

巧克力

本書使用Cotta自有品牌商品的扁平狀比利時產巧克力，不需再切碎，使用起來很方便。想要苦澀的風味時，可以選擇高純度款。只需少量的巧克力時，使用市售的高純度巧克力也能做出美味的巧克力甜點。

香草油

方便為甜點增添香草風味。本書的烘焙甜點使用的不是香草精，而是烘焙後香氣依舊的香草油。我使用的香草油是在烘焙材料行「富澤商店」購買的自有品牌商品。

洋菜

洋菜與吉利丁不同，常溫狀態即可凝固。成品會比吉利丁的成品更透明，且具有彈韌的口感，因此本書使用洋菜製作果凍。

果乾類

四季皆可購得，非常方便。濃縮了水果的甜味與香氣，能為甜點提味。本書使用的堅果有無花果乾、橙皮、蔓越莓乾等等（圖片由上而下分別為富澤商店的「小顆無花果乾（土耳其產）」、「UMEHARA碎切橙皮」、「蔓越莓乾」）。

製作甜點的工具

基本工具

Ⓐ 磅秤

製作甜點的第一步是量出正確的材料份量，而磅秤是絕對必備的工具。我使用的磅秤是Tanita的電子秤，最低刻度0.1g。

Ⓑ 溫度計

用來測量材料溫度。在我的甜點食譜中，雞蛋與奶油的溫度都很重要，因此建議各位準備溫度計，才能做出美味的甜點。使用方式是將溫度計前端插入材料，以測量材料溫度。

Ⓒ 鋼盆

準備直徑各為15、18、21 cm的鋼盆，以便按照份量使用（圖為18cm的鋼盆）。最常用到的是直徑18 cm的鋼盆。DIY的甜點通常不會使用太多材料，用不到大型鋼盆，使用大小適合的鋼盆也比較有效率。各種尺寸鋼盆的使用時機請參考以下標準：

- 15 cm：打發1顆蛋白
- 18 cm：打發2顆蛋白、製作6顆瑪芬蛋糕、8顆瑪德蓮蛋糕、約25個餅乾
- 21 cm：打發3顆蛋白、3顆全蛋、製作司康

Ⓓ 可微波的玻璃碗

以微波爐加熱材料時，就要使用可微波的玻璃碗。製作焦糖等等的甜點時，可能只需要加熱少量的食材，所以最好也準備小的玻璃碗。有注口的玻璃碗使用起來更方便。

Ⓔ 矽膠刮刀

一體成形的矽膠刮刀不只方便清洗，也比較衛生。選擇可耐熱的刮刀會更方便，攪拌熱呼呼的材料時也能使用。

Ⓕ 手持式電動攪拌器

手持式電動攪拌器不只可以用來打發鮮奶油或雞蛋，要把空氣打進奶油跟砂糖裡的時候，也會用到手持式電動攪拌器。使用手持式電動攪拌器攪拌材料快速又輕鬆，常做甜點的人一定要有一台。我使用的是Panasonic手持式電動攪拌器，可三段調速，特徵是高速模式的速度不會過快。太快打發的話，砂糖融化的速度可能會跟不上，導致砂糖顆粒殘留。

Ⓖ 麵粉網篩

低筋麵粉、泡打粉等粉類材料一定要先過篩，以去除結塊。過篩粉類還能夠預防異物混入。網篩也可以當作壓泥的篩具使用。撒少量的抹茶粉等材料時，使用濾茶器會比較方便。

Ⓘ 塑膠刮板

一側為圓弧、一側為直的板狀工具。以切拌法將粉類與奶油混在一起、切割麵團時使用圓弧的一側；把麵團或麵糊整平時使用直的一側。

Ⓗ 打蛋器

用來打發或攪拌材料。長度介於24～27 cm的打蛋器比較方便使用。直徑18 cm的鋼盆適合24 cm的打蛋器，直徑21 cm的鋼盆則適合使用27 cm的打蛋器。我喜歡使用日本「貝印」的打蛋器，這一款的鋼線不論硬度還是彈性都很剛好，重量又輕，使用起來不會覺得手痠。最好也準備一支迷你打蛋器，這樣攪拌少量的材料時才方便。

Ⓙ 烘焙散熱架

用來給剛出爐的蛋糕散熱，方便讓蛋糕的熱氣與蒸氣散去。

進階工具

Ⓚ 鋸齒刀

推薦各位把鋸齒刀當成蛋糕切割刀使用。先將刀子加熱，以熱水燙過再用乾布擦乾水分，或是放在爐火上面直接烘烤雙面各數秒，再以小幅度的前後拉鋸方式切開甜點，這樣就可以切出漂亮的斷面。不過，加熱過頭可能會傷到刀刃，也可能讓甜點的奶油加速融化，使用時要多加注意。每切完一刀，就要用廚房紙巾等工具把沾在刀刃上的奶油擦掉。

Ⓜ 烘焙墊

網狀的烘焙用墊。烘焙墊跟烘焙紙不一樣，可以清洗並重複使用。而且烘焙甜點的時候，水分或油脂都會滴落在網格之間，讓烤出來的甜點更加清爽與輕盈，因此推薦烤餅乾時使用。

Ⓛ 紅外線溫度計

我在前面的基本工具當中，也介紹過溫度計，而我使用的紅外線溫度計，則是不碰觸材料即可測量表面溫度的貝印紅外線溫度計（現已停止生產）。價格比一般接觸型的溫度計貴，但使用上比較衛生，而且也能免去每次使用完就要清洗的麻煩。

▼ 關於麵糊的溫度管理

隨時注意麵糊的溫度，才能保持麵糊的穩定狀態，做出好吃美味的甜點。例如：製作餅乾或磅蛋糕要注意奶油的溫度、海綿蛋糕的麵糊要注意雞蛋的溫度，巧克力蛋糕則要注意巧克力的溫度。此外，製作冷藏甜點時，每次的加熱與冷卻都要測量溫度。假如沒有溫度計的話，就要用眼睛來判斷麵糊的溫度狀態，或是藉由攪拌盆的溫度來確認麵糊的溫度。

主要使用的烤模

瑪芬蛋糕烤模

我使用的烤模是遠藤商事的鍍錫瑪芬蛋糕烤模#10，一次可以烤6顆蛋糕，而且蛋糕尺寸小巧，放在手上剛好。

瑪德蓮蛋糕烤模

我使用的是松永製作所的貝殼形烤模，一次可以烤8顆蛋糕。方便脫模，烤色也好看。

圓形烤模

起司蛋糕使用的是活動底圓形烤模，直徑15㎝；翻轉蛋糕則是固定底圓形烤模，直徑15㎝。

磅蛋糕烤模

我使用的是長度18㎝×寬度8㎝×高度8㎝的烤模。這款MATFER的烤模能把麵糰或麵糊烤得很蓬鬆，烤出來的蛋糕會有漂亮的稜角。

方形烤模

想要烤高度較低的蛋糕或把蛋糕切成許多塊的時候使用。本書中的香蕉蛋糕與布朗尼蛋糕使用的是貝印的15㎝方形烤模。

蛋糕捲烤模

有時也會直接使用烤盤，但使用底部平坦的專用烤模才能烤出漂亮的蛋糕。我喜歡使用24㎝的方形烤模，可以烤材料用量為2顆雞蛋的蛋糕，也能放進容量不大的烤箱。

塔模

我使用的是方便脫模的活動底塔模。這本書介紹的巧克力塔使用的是直徑16㎝的塔模。

【烘焙紙的剪裁方式與鋪設方式】

圓形烤模

準備一張鋪底的圓形烘焙紙、2張鋪側面的長條狀烘焙紙。將側面用的烘焙紙下方往上折，並以1cm為間距剪出切口。

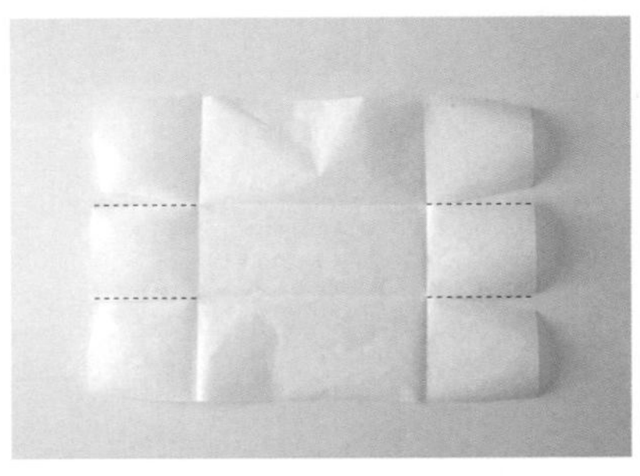

磅蛋糕烤模

[磅蛋糕用]

按照圖片中的折痕折好烘焙紙，並剪開虛線部分，鋪滿整個烤模內側。

[戚風蛋糕用]

底部跟短邊鋪上烘焙紙即可。長邊不鋪紙可以讓麵糊沾附在烤模上，烤出來的蛋糕才不會塌。

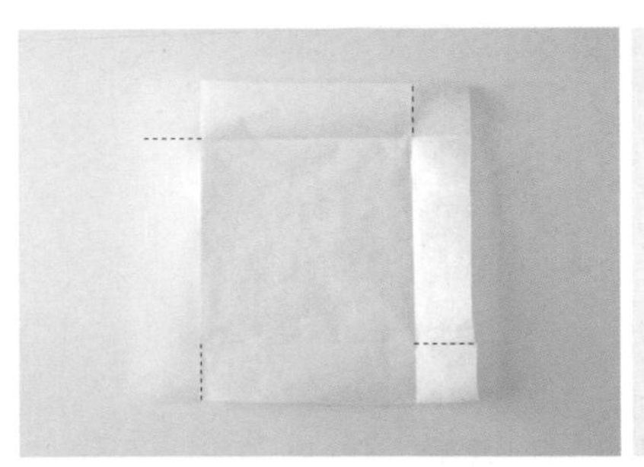

方形烤模

按照圖片中的折痕折好烘焙紙，並剪開虛線部分，鋪滿整個烤模內側。

蛋糕捲烤模

這種烤模比較大，所以要用大張的牛皮紙。按照圖片中的折痕折好烘焙紙，並剪開虛線部分，鋪滿整個烤模內側。把四個角都斜剪出一條切口，會更容易鋪好。

使用普通的方法製作 藍莓瑪芬蛋糕

只要按照順序放入材料攪拌再烘烤即可。
因為是靠泡打粉讓蛋糕膨發，
所以不必注意太多細節也不會失敗，
可以做出口感濕潤又美味的瑪芬蛋糕。

（材料與〈P16〉marimo的製作方法相同）

材料 直徑6cm的瑪芬蛋糕烤模6顆份

奶油（無鹽）… 60g細砂
糖 … 75g
雞蛋 … 1顆（50g）
- 低筋麵粉 … 100g
- 泡打粉 … 1小匙（4g）

牛奶 … 20g
原味優格 … 20g
藍莓 … 50g

事前準備

- 烤模鋪上烘焙紙杯。
- 低筋麵粉與泡打粉一起過篩。
- 奶油與雞蛋回溫至常溫。
- 藍莓用水清洗，再用廚房紙巾擦乾多餘水分。
- 烤箱以180℃預熱。

作法

1. 奶油放入攪拌盆中，假如奶油還不夠軟，先用矽膠刮刀攪拌。
2. 加入細砂糖，以打蛋器攪拌奶油至呈現乳白狀。
3. 雞蛋打散後再加入奶油霜中，並用打蛋器攪拌。
4. 加入一半份量的已過篩粉類，用矽膠刮刀攪拌。
5. 牛奶與優格一起加入步驟**4**，攪拌均勻。
6. 加入剩餘的粉類，攪拌至看不到粉粒，再把藍莓放進麵糊。
7. 將步驟**6**倒入烤模。不好倒的話，可以用湯匙輔助。
8. 依個人喜好以藍莓（額外份量）點綴表面。將烤模放上烤盤，以烤箱烘烤約23分鐘至呈現恰好的烤色。用竹籤戳戳看，假如竹籤還會沾黏麵糊，就要繼續烤。
9. 取出全部的蛋糕，放在散熱架上冷卻。

普通作法與marimo作法的瑪芬蛋糕相比

使用相同的材料，但用不同的方式製作，膨發的程度就差這麼多。從斷面看得出普通作法的蛋糕較扎實，殘留的氣泡也會變成大坑洞。而marimo作法的蛋糕整體較多細緻的氣泡，烤出來的瑪芬蛋糕較鬆軟。

使用marimo的方法製作

美味更加分

Muffin
瑪芬蛋糕

藍莓瑪芬蛋糕

加入低筋麵粉後
以切拌法攪拌，
讓麵糊更加鬆軟

普通作法

○口感濕潤且美味。

marimo的作法

◆ 口感濕潤卻不失鬆軟

◆ 好吃到忍不住拿第2顆來吃！

用電動攪拌器會更輕鬆快速

藍莓瑪芬蛋糕

剛完成 | 常溫 1～2 天

材料 直徑6cm的瑪芬蛋糕烤模6顆份

奶油（無鹽）… 60g
細砂糖 … 75g
雞蛋 … 1顆（50g）
低筋麵粉 … 100g
泡打粉 … 1小匙（4g）
牛奶 … 20g
原味優格 … 20g
藍莓 … 50g

事前準備

- 烤模鋪上烘焙紙杯。
- 低筋麵粉與泡打粉一起過篩。
- 奶油與雞蛋回溫至常溫。
- 藍莓用水清洗後，再用廚房紙巾擦乾多餘水分。
- 烤箱以180℃預熱。

作法

1 奶油放入攪拌盆中，讓奶油回溫至常溫（約20℃）。攪拌奶油時打入空氣，會讓奶油霜比較鬆軟，也會更加細緻，所以關鍵就是要提前讓奶油退冰至常溫，才會方便後續的攪拌。奶油還不夠軟的話，就用矽膠刮刀一邊壓一邊攪拌，直到奶油呈現光滑柔順狀ⓐ

2 細砂糖分成3～4次加入，每加一次就要用手持式電動攪拌器攪拌，把空氣打入奶油霜中ⓑ。攪拌至奶油霜呈現乳白色ⓒ。

3 雞蛋先攪散，分成5～6次加入奶油霜中，每加一次就要用手持式電動攪拌器攪拌ⓓ。雞蛋溫度太低也會讓奶油霜冷卻變硬，變得難以攪拌，因此關鍵就是先讓雞蛋回溫至常溫狀態。一次倒入全部蛋液會不容易攪拌，所以要少量多次加入。

4 加入一半份量的已過篩粉類，用矽膠刮刀攪拌。這個時候的矽膠刮刀要直著拿，以切拌的方式攪拌。還要一直轉動攪拌盆，切換角度。這樣不容易讓麵糊出筋（產生筋性），能攪拌出更加鬆軟的麵糊ⓔ。

5 牛奶與優格一起加入步驟**4**，以同樣的方式攪拌ⓕ。

6 加入剩餘的粉類，以同樣的方式攪拌。攪拌至看不到粉粒，再把藍莓放進麵糊。

7 將步驟**6**倒入烤模。不好倒的話，可以用湯匙輔助。

8 依個人喜好以藍莓（額外份量）點綴表面。將烤模放上烤盤，以烤箱烘烤約23分鐘至呈現恰好的烤色（每一台烤箱的烘焙時間多少會有些落差，因此要根據烤色來調整時間）。用竹籤戳戳看，假如沒有沾黏麵糊，就可以出爐。

9 取出全部的蛋糕，放在散熱架上冷卻。

point

建議測量奶油的溫度。
回溫至常溫，再攪拌至柔順狀。

point

分次少量加入細砂糖，
才不會油水分離，並使奶油霜更鬆軟。

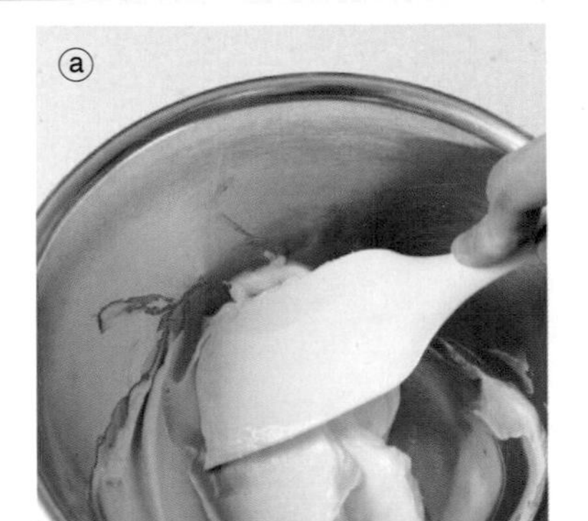

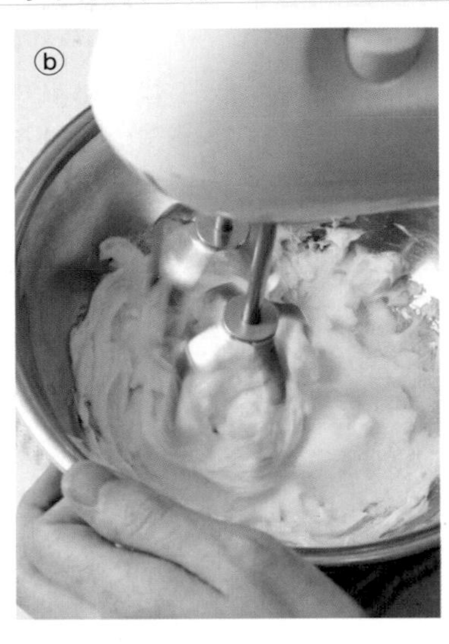

point

雞蛋也要先回溫至常溫。
關鍵是分次少量加入。

point

加粉之後要用切拌法攪拌，
絕對不能用畫圈的方式攪拌。

超適合當點心！

餅乾奶油瑪芬蛋糕
草莓乳酪瑪芬蛋糕

剛完成　常溫1～2天

餅乾奶油瑪芬蛋糕　　草莓乳酪瑪芬蛋糕

餅乾的口感以及蛋糕的外表都充滿樂趣

餅乾奶油瑪芬蛋糕

材料 直徑6cm的瑪芬蛋糕烤模6顆份

奶油（無鹽）… 60g
細砂糖 … 75g
雞蛋 … 1顆（50g）
［ 低筋麵粉 … 100g
　 泡打粉 … 1小匙（4g）
牛奶 … 20g
原味優格 … 20g
巧克力豆 … 25g
巧克力餅乾 … 6片

事前準備

※與「藍莓瑪芬蛋糕」（P16）相同。
但是不使用藍莓。

作法

1 奶油放入攪拌盆中，讓奶油回溫至常溫（約20℃）。奶油還不夠軟的話，就用矽膠刮刀把奶油一邊壓一邊攪，直到奶油呈現光滑柔順狀。

2 細砂糖分成3～4次加入，用手持式電動攪拌器攪拌，把空氣打入奶油霜中。攪拌至奶油霜呈現乳白色。

3 雞蛋先攪散，分成5～6次加入奶油霜，用手持式電動攪拌器攪拌。

4 先倒一半份量的已過篩粉類，用矽膠刮刀攪拌。

5 牛奶與優格一起加入步驟**4**，以同樣的方式攪拌。

6 加入剩餘的粉類，以同樣的方式攪拌。攪拌至看不到粉粒，再把巧克力豆放進麵糊。

7 將步驟**6**倒入已鋪上烘焙紙杯的烤模。不好倒的話，可以用湯匙輔助。

8 以餅乾點綴麵糊表面。直接擺上一整片或撥碎再擺上去都可以ⓐ。將烤模放上烤盤，以烤箱烘烤約23分鐘至呈現恰好的烤色。

9 取出全部的蛋糕，放在散熱架上冷卻。

用新鮮的草莓製作蛋糕

草莓乳酪瑪芬蛋糕

材料 直徑6cm的瑪芬蛋糕烤模6顆份

奶油（無鹽）… 60g
細砂糖 … 75g
雞蛋 … 1顆（50g）
［ 低筋麵粉 … 100g
　 泡打粉 … 1小匙（4g）
牛奶 … 20g
原味優格 … 20g
奶油乳酪（法國kiri）… 35g（2個）
草莓 … 6顆

事前準備

・草莓用水清洗後，再用廚房紙巾擦乾淨表面的髒汙。

※其他步驟與「餅乾奶油瑪芬蛋糕」（上記）相同。

作法

1 同「餅乾奶油瑪芬蛋糕」的步驟**1～6**，但不用加巧克力豆。

2 把麵糊倒入已鋪上烘焙紙杯的烤模，麵糊高度約為烘焙紙杯高度的一半。不好倒的話，可以用湯匙輔助。

3 把切成小塊的奶油乳酪與草莓各放一半在麵糊表面ⓐ。再用剩下的麵糊覆蓋住麵糊，並用剩下的奶油乳酪與草莓點綴表面。將烤模放上烤盤，以烤箱烘烤約23分鐘至呈現恰好的烤色。

4 取出全部的蛋糕，放在散熱架上冷卻。

肉桂與黑糖交織出成熟大人口味

葡萄乾肉桂瑪芬蛋糕

剛完成　常溫1～2天

材料　直徑6cm的瑪芬蛋糕烤模6顆份

奶油（無鹽）… 60g
黑糖 … 75g
雞蛋 … 1顆（50g）
- 低筋麵粉 … 100g
- 肉桂粉 … 1又¼小匙（2.5g）
- 泡打粉 … 1小匙（4g）

牛奶 … 20g
原味優格 … 20g
葡萄乾 … 50g

事前準備

- 烤模鋪上烘焙紙杯。
- 低筋麵粉與肉桂粉、泡打粉一起過篩。
- 奶油與雞蛋回溫至常溫。
- 葡萄乾浸泡熱水約3分鐘，瀝乾後再用廚房紙巾擦乾多餘水分。

※直接把葡萄乾放進麵糊的話，葡萄乾會吸收麵糊的水分，導致麵糊水分不足，因此要事先讓葡萄乾吸收水分。

- 烤箱以180℃預熱。

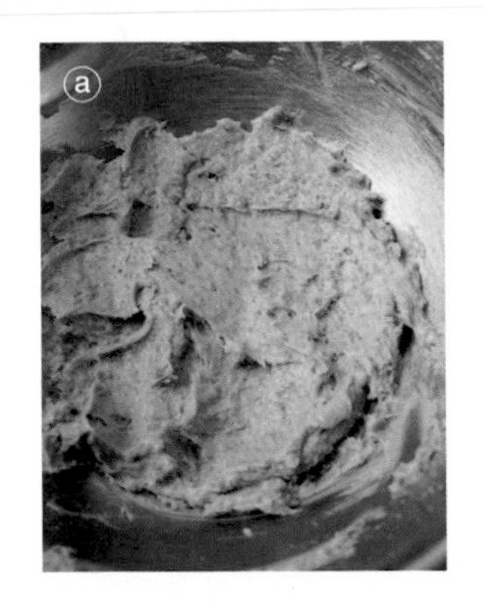

作法

1. 奶油放入攪拌盆中，回溫至常溫（約20℃）。奶油還不夠軟的話，就用矽膠刮刀一邊壓一邊攪拌，直到奶油呈現光滑柔順狀。
2. 黑糖分成3～4次加入，用手持式電動攪拌器攪拌，把空氣打入奶油霜中。攪拌至奶油霜呈現乳白色。由於黑糖的顆粒較大，麵糊裡還有攪不散的顆粒也沒關係ⓐ。
3. 雞蛋先攪散，分成5～6次加入奶油霜中，用電動攪拌器攪拌。一次倒入全部蛋液會不容易攪拌，所以要少量多次加入。
4. 加入一半份量的已過篩粉類，用矽膠刮刀攪拌。
5. 牛奶與優格一起加入步驟**4**，以同樣的方式攪拌。
6. 加入剩餘的粉類，以同樣的方式攪拌。攪拌至看不到粉粒。
7. 將步驟**6**倒入烤模。不好倒的話，可以用湯匙輔助。
8. 將黑糖（額外份量）撒在麵糊表面。此步驟可依個人喜好決定，但黑糖沙沙的口感以及有深度的甜味，能讓蛋糕變得更好吃，因此建議做此步驟。
9. 將烤模放上烤盤，以烤箱烘烤約23分鐘至呈現恰好的烤色。
10. 取出全部的蛋糕，放在散熱架上冷卻。

製作甜點的重點①

了解使用烤箱的技巧

<使用方式的重點>

別忘了預熱！

食譜的「烘焙時間」都有前提，也就是要從指定的溫度開始烘烤才能算數。直接從低溫開始烤的話，麵糊的膨發狀態就不會好。在開始製作麵糊前，記得將烤箱預熱到指定溫度。

關於烤盤的預熱

假如麵糊是倒在烤模裡的話，那就要把烤盤放進烤箱一起預熱。烤盤的溫度太低，就無法確實將熱傳導給烤模。如果是餅乾、司康之類的甜點，都要把麵糊直接排在烤盤上，但預熱過的烤盤太燙，操作時可能造成危險，因此不必預熱。不過，把冷冰冰的烤盤直接放進烤箱，也會造成烤箱的溫度降低，因此預熱溫度要比烘焙溫度提高10～20℃。

一次烤一個烤盤的份量

家用烤箱的容量較小，若一次放入太多層烤盤，會導致爐內的熱能循環變差，可能會失敗。而且，一次烘烤過多麵糊也會產生大量水蒸氣，導致烤箱的溫度降低。要是因為溫度下降，就自行提高烘烤溫度，又會讓爐內的熱度不均，導致烤色不均（只有部分麵糊的烤色較深）的情況變嚴重。想要做出美味的甜點，最要緊的就是有耐心地分次烘烤，別把麵糊一次全部塞進烤箱裡。

建議放在下層

有些機型的烤箱可以放入多層烤盤，假如不曉得該把烤盤放在上、中、下的哪一層，通常都建議放在下層。放在下層烘烤的好處較多，可以避免麵糊在膨脹時沾到烤箱的頂部，也方便從外面觀察烘焙的狀態。而且，大多數烤箱的熱源都在內側或上側，把烤盤放在下層可以讓熱能有更好的對流。假如下層烘烤的烤色太淡，也可以按照烘焙的情況進行調整，例如將烤盤移到中間層。

換個方向繼續烤，才能避免烤色不均

每一台烤箱都有各自的特性，有時怎麼烤就是會烤色不均。假如烘焙時是把烤模放在烤盤上，那麼只要把烤模旋轉180度即可；假如是餅乾之類的甜點，全部的麵糊都直接在烤盤上，那就要把烤盤換方向。不管哪種情況，都要盡速完成換邊，以免烤箱溫度降低。另外，烤箱的溫度極高，請戴上棉紗手套等工具，以免燙傷。烤盤或烤模換邊的時機，是在烘烤時間超過三分之二的時候。因為太快打開烤箱的話，麵糊就會因為提早接觸到冷空氣而停止膨發，之後再怎麼烤還是沒辦法達到正常的膨發程度。

烘烤時不要一直打開烤箱門！

烘烤時若因為在意麵糊的情況，而一直打開烤箱門確認，就會讓冷空氣跑進烤箱，造成內部溫度下降。接觸到冷空氣的麵糊會停止膨發，還可能塌陷。唯一一次可以打開烤箱門的時機，就是將烤盤或烤模換邊烘烤的時候。

好不容易才做出完美的麵糊，烤不好就功虧一簣。
只要熟悉使用烤箱的技巧，就能烤出更美味的甜點。

＜放入烤箱烘焙的時機＞

麵糊完成後就要馬上烘焙的甜點

海綿蛋糕、戚風蛋糕等等含有蛋白霜的甜點，都是利用蛋白打發後的起泡性，才能使麵糊膨發，所以時間一久，麵糊便會開始塌陷，膨不起來。這類型的麵糊完成之後，就要立刻送進烤箱。

麵糊完成後可以靜置片刻的甜點

餅乾、瑪德蓮蛋糕、司康等甜點的麵糊都需要靜置，不必立刻烘烤，還能放在冰箱保存。可以前一天做好麵糊，隔天再用烤箱烤，也可以一次做好全部的麵糊，之後再分次慢慢烘烤。

想確認烤箱內的溫度，就要使用烤箱溫度計

有些使用已久或某些機型的烤箱，即使還沒到達預熱溫度，也會發出預熱完成的通知聲；有些烤箱甚至已經超過預熱溫度才發出通知。假如沒辦法確實掌握烤箱的預熱狀況，就要使用烤箱溫度計來協助，像是溫度太低的時候，可以延長預熱時間，或是提高預熱溫度10～20℃。

▼ 與食譜的烘焙時間有落差時，就要多檢查

食譜寫的烘焙時間都是參考值，有時多少會有落差。按照食譜的時間操作，卻還沒烤熟的話，就要延長時間；假如烤出來的甜點都要焦了，就要縮短時間。不過，實際的烘焙時間若超出太多，則有可能是因為烤箱內的溫度並未確實到達指定溫度，這時就要用烤箱溫度計來確認烤箱內的溫度。

＜烤箱的挑選方式＞

電烤箱與瓦斯烤箱，哪個好？

烤箱的種類大致上分為「電烤箱」與「瓦斯烤箱」，通常建議使用熱源較溫和的電烤箱。而電烤箱又分為「插盤式」與「旋轉盤式」，建議使用插盤式的電烤箱。通常旋轉盤式烤箱雖有烘焙功能，但熱能比較不足，比較大的烤模（蛋糕捲烤模等等）在旋轉時也會撞到烤箱內壁。另外，內部寬敞的烤箱比較容易穩定加熱至均勻的熱度，打開烤箱時也不易產生溫度變化。建議選擇「內容量30ℓ以上」的機型，以確保足夠的烘烤空間。

瓦斯烤箱的注意重點

瓦斯烤箱比電烤箱的火力大，如果各位使用的食譜也像這本書一樣，都是以電烤箱的溫度為主，那麼使用瓦斯烤箱時就要稍微調整，把烘烤溫度調降10～20℃，或是縮短烘烤時間。

讓簡單的烘焙甜點
呈現不簡單的美味

不添加奶油，只需把所有材料攪一攪

Banana Cake
香蕉蛋糕

把雞蛋加熱至與
體溫相同程度，
就能做出彈性適中的蛋糕

普通作法

○香蕉的香氣濃郁，蛋糕口感濕潤

marimo的作法

◆ 有著恰到好處的彈性
◆ 以植物油取代奶油，味道一樣令人滿意

成熟香蕉的溫潤香氣

香蕉蛋糕

冷藏後更美味 | 冷藏2～3天

材料

15cm的方形烤模，或18×8×8cm的磅蛋糕模一條份

雞蛋…1顆(55g)
細砂糖…55g
太白胡麻油…30g
香蕉(全熟)…1條(果肉重量80g)ⓐ
低筋麵粉…70g
泡打粉…1小匙(4g)
香蕉(裝飾用)…適量

事前準備

- 烤模鋪上烘焙紙。
- 低筋麵粉與泡打粉一起過篩。
- 烤箱以180℃預熱。
- 準備好隔水加熱用的滾水。

作法

1. 把雞蛋打在鋼盆裡並且攪散，再加入細砂糖，然後放在另一個有熱水的鋼盆中(隔水加熱)，以畫直線的方式用打蛋器來回攪拌、加熱ⓑ。
2. 蛋液持續加熱到與體溫相當的溫度(30～35℃)，且砂糖溶於蛋液，呈現微微打發的乳白狀ⓒ。蛋液加熱可以增加起泡性，讓成品的麵糊更鬆軟。但是加熱過頭則會導致麵糊的水分不足，因此務必注意溫度。
3. 倒入全部的太白胡麻油，打蛋器以畫圈的方式攪拌，讓油脂與蛋液充分混和ⓓ。把裝著蛋液的鋼盆放在磅秤上，直接秤量所需的胡麻油，就可以少洗一個容器。鋼盆的邊緣容易殘留蛋糊，記得刮下來拌在一起。
4. 把步驟**3**的鋼盆放在磅秤上，秤量所需的香蕉，並用打蛋器把香蕉搗碎，跟麵糊攪拌在一起ⓔ。殘留香蕉顆粒也沒關係，只要大小在1cm左右就行了ⓕ。
5. 加入粉類，打蛋器與鋼盆底保持垂直，攪拌至沒有任何粉粒ⓖ。鋼盆的邊緣容易殘留麵糊，記得刮下來拌在一起ⓗ。
6. 將麵糊倒入烤模。將裝飾用的香蕉切成約3mm的厚度，放在麵糊表面ⓘ。
7. 將烤模放上烤盤，以烤箱烘烤約23分鐘至呈現烤色(每一台烤箱的烘焙時間會有些落差，因此要根據烤色來調整時間)。用竹籤戳戳看，假如竹籤上沒有沾黏麵糊，就可以出爐了。
8. 取出蛋糕，放在散熱架上冷卻。

○ 同樣的麵糊使用磅蛋糕烤模時，約烤30分鐘。

point

全熟的香蕉表皮
會出現黑斑（Sugar spot）。

point

使用溫度計測量溫度
是輕鬆做出美味蛋糕的捷徑。

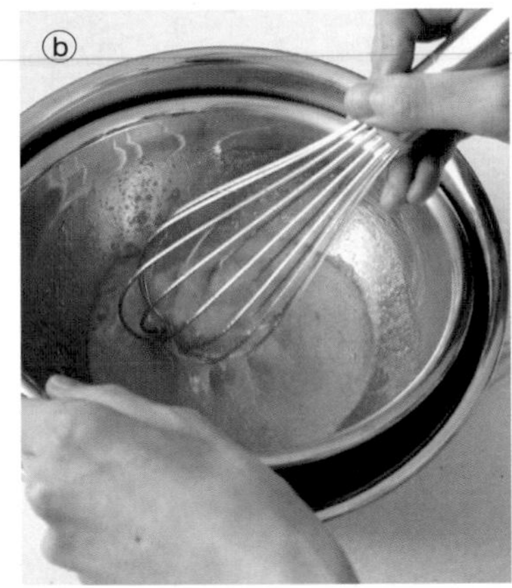

point

用植物油代替奶油就足夠美味。
這個步驟要確實攪拌。

簡單的甜點要用心製作，才會更加美味

Madeleine
瑪德蓮蛋糕

這款經典甜點的製作祕訣，就在於融化奶油與蛋液的溫度

普通作法

○口感濕潤、扎實

marimo的作法

- ◆ 剛出爐的口感鬆軟，冷卻後的口感濕潤
- ◆ 帶著奶油與蜂蜜的馥郁香氣

用家中現有的材料，
做出頂級的烘焙甜點！

瑪德蓮蛋糕

常溫 4～5 天

材料 瑪德蓮蛋糕烤模8顆份

雞蛋 … 1顆（55g）
細砂糖 … 45g
蜂蜜 … 10g
低筋麵粉 … 50g
泡打粉 …¼小匙（1g）
奶油（無鹽）… 55g

事前準備

- 低筋麵粉與泡打粉一起過篩。
- 奶油隔水加熱至融化，使溫度約達50℃。待奶油差不多都融化時更換熱水，便可讓溫度到達50℃左右ⓐ。
- 秤量蜂蜜時直接倒在細砂糖上（這樣蜂蜜就不會卡在容器上）。
- 烤箱以180℃預熱。

作法

1 在鋼盆中攪散蛋液，回溫至常溫（約20℃）ⓑ。溫度過低的蛋液不易使細砂糖溶化，而且空氣也難以打入蛋液中，造成麵糊不夠鬆軟，因此必須回溫至常溫。如果雞蛋原本放在冰箱的話，可以稍微用熱水燙過，或以直火遠遠地加熱。

2 加入細砂糖與蜂蜜ⓒ。以打蛋器攪拌至細砂糖溶化。

3 加入粉類，用打蛋器攪拌時要與盆底保持垂直ⓓ。看不到粉粒後即可停止攪拌。鋼盆的邊緣容易殘留麵糊，記得刮下來拌在一起ⓔ。

4 將加熱至50℃的奶油分次倒入麵糊ⓕ，以同樣的方式攪拌。奶油的溫度過低就會凝固，難以攪拌，50℃是最適合的溫度。

5 鋼盆蓋上保鮮膜，放進冰箱靜置1～2個小時ⓖ。一直用畫圈的方式攪拌會讓麵糊出筋（產生筋性），因此要讓麵糊靜置片刻，使麵糊不要繼續產生筋性，才能烤出鬆軟的蛋糕。

6 將烤模塗上奶油或太白胡麻油（皆額外份量），再將步驟**5**倒入烤模。塗抹時可使用毛刷，沒有的話也可以使用廚房紙巾。烤模塗油可以讓蛋糕更好脫模。

7 將烤模放上烤盤，以烤箱烘烤約12分鐘，直到每顆蛋糕都呈現恰好的烤色（每一台烤箱的烘焙時間會有些落差，因此要根據烤色來調整時間）。若要避免烤色不均，烤10分鐘後就要將烤盤轉向ⓗ。當烤模與蛋糕之間出現些微空隙時，就可以出爐了。

8 把散熱架放在烤模上，將蛋糕一起翻面ⓘ。蛋糕冷卻之後可以蓋上保鮮膜，避免過於乾燥。

創意食譜

巧克力瑪德蓮蛋糕

材料 & 作法

1 將50g的甜點烘焙用巧克力隔水加熱。使用甜點烘焙用巧克力可以做出光滑漂亮的淋面。假如沒有的話，使用零食巧克力片也可以（使用的量不多，所以會剩餘）。

2 將8顆已冷卻的瑪德蓮蛋糕的前端沾上巧克力醬，然後放在烘焙紙上。

3 趁著巧克力醬還沒凝固，依個人喜好將切碎的開心果點綴在巧克力上。

4 放入冰箱約10分鐘，讓巧克力冷卻、凝固。

point

讓雞蛋回溫，基準為20℃。

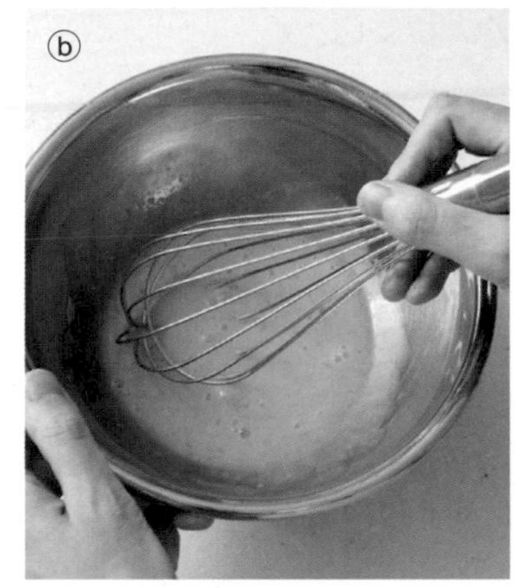

point

把奶油加熱至50℃呈現液態狀，
會讓麵糊更容易攪拌。

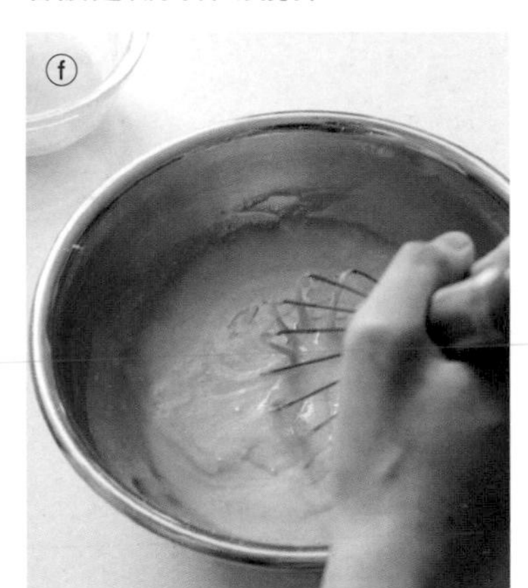

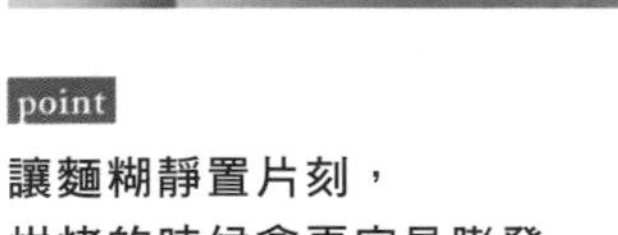

point

讓麵糊靜置片刻，
烘烤的時候會更容易膨發。

point

任何烤箱都會出現烤色不均，
關鍵在於將麵糊換邊烤。

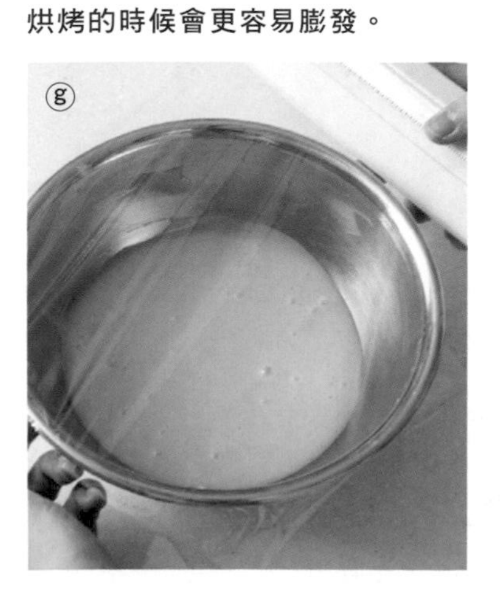

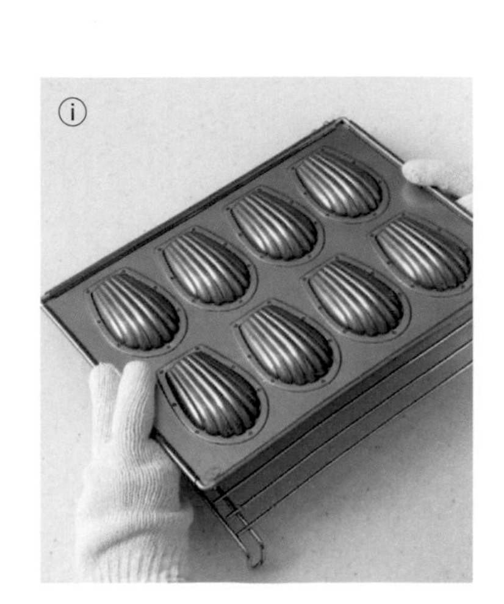

酥酥脆脆的口感令人上癮

Drop Cookies

椰香軟餅乾

常溫2星期

材料 直徑4㎝／約25顆份

奶油（無鹽）… 80g
細砂糖 … 45g
雞蛋 … 20g
鹽巴 … 一小撮
低筋麵粉 … 60g
椰蓉 … 50g

事前準備

- 低筋麵粉過篩。
- 奶油與雞蛋回溫至常溫。
- 烤箱以170℃預熱（椰蓉容易烤焦，所以烘烤的溫度要比一般的餅乾低10℃）。

ⓐ

ⓑ

ⓒ

作法

1 奶油放入鋼盆，回溫至常溫（約20℃）。讓奶油回溫至20℃再攪拌，可以產生入口即碎的酥脆口感。奶油還太硬的話，先用矽膠刮刀一邊壓一邊攪拌，直到奶油呈現光滑柔順狀。

2 細砂糖分成3～4次加入，使用打蛋器攪拌，將空氣打進奶油，直到奶油霜呈現乳白狀即可。

3 蛋液分成2次加入，用打蛋器攪拌。蛋液的溫度太冰會使奶油凝固而難以攪拌，因此要先回溫至常溫（約20℃）。加入鹽巴繼續攪拌。

4 加入低筋麵粉，矽膠刮刀的刀面保持直立，以切拌法攪拌麵糊ⓐ。使用切拌法可以避免麵糊出筋（產生筋性），使成品有著酥脆口感。以切5次、翻1次的規律攪拌即可。鋼盆的邊緣容易殘留麵糊，記得刮下來拌在一起。

5 攪拌至9成左右，就可以加入椰蓉並以同樣的方式攪拌，看不見任何粉粒時即可停止ⓑ。用矽膠刮刀的刀面抹平麵糊，使表面光滑。

6 使用2支湯匙輔助，將步驟**5**的麵糊舀至鋪好烘焙紙的烤盤上ⓒ。要盡量維持一樣的大小，以免烤色不均，並保持一定間隔，以利烤箱的熱對流。無法一次烤完就分成2次。烤盤上若要放置烤箱溫度計，記得保留溫度計的位置。

7 以烤箱烘烤約18分鐘，直到每一塊餅乾都呈現恰好的烤色（每一台烤箱的烘焙時間會有些落差，因此要根據烤色來調整時間）。若要避免烤色不均，最好烘烤15分鐘左右後就將烤盤轉向。

8 取出餅乾，放在散熱架上冷卻。

入口即化的口感擄獲人心

Snowball Cookies

香草雪球餅乾
抹茶雪球餅乾

常溫2星期

香草雪球餅乾

材料 直徑2.5㎝／約24顆份

奶油（無鹽）… 30g
糖粉 … 10g
香草油 … 5滴
低筋麵粉…40g
杏仁粉 … 20g
〈裹粉用〉
糖粉 … 20g

事前準備

- 糖粉、低筋麵粉各自過篩。
- 奶油回溫至常溫。
- 烤箱以180℃預熱。

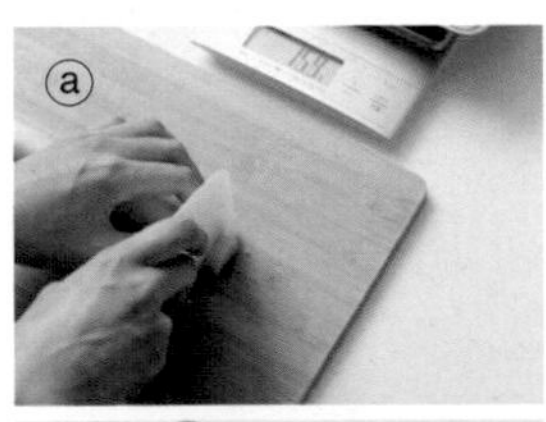

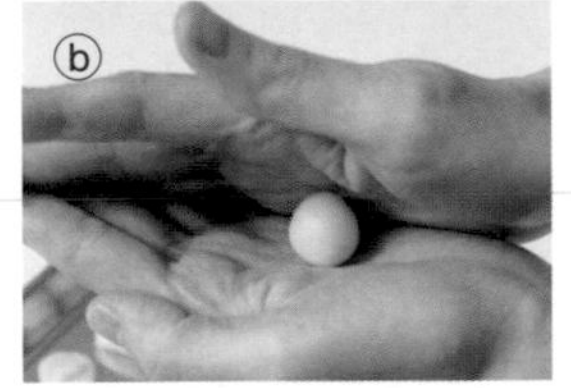

作法

1. 奶油放入鋼盆，回溫至常溫（約20℃）。**奶油還不夠軟的話，先用矽膠刮刀一邊壓一邊攪拌，直到奶油呈現光滑柔順狀。**
2. 加入糖粉，使用打蛋器攪拌，將空氣打進奶油，呈現乳白狀的奶油霜即可。
3. 加入香草油，用打蛋器攪拌。
4. 加入低筋麵粉與杏仁粉，**矽膠刮刀的刀面保持直立，以切拌法攪拌麵糊。**以切5次、翻1次的規律攪拌即可。鋼盆的邊緣容易殘留麵糊，記得刮下來拌在一起。
5. 看不見任何粉粒即可停止攪拌。以矽膠刮刀的刀面按壓表面，使麵團呈光滑狀。
6. 將麵團搓成細長條狀。搓成長條狀比較容易切小塊。
7. **使用塑膠刮板切割與磅秤秤重，將麵團分成各4g的小麵團ⓐ。麵團大小一致能避免烤色不均。**
8. 用手掌把小麵團搓成球狀ⓑ，放在鋪好烘焙紙的烤盤上，以烤箱烘烤10～11分鐘。
9. 取出餅乾，放在散熱架上冷卻。
10. 將裹粉用的糖粉倒入容器，再將餅乾放進容器裹上糖粉。
11. 用濾茶網撒上裝飾用的糖粉（額外份量）。使用裝飾專用的防潮糖粉能使成品更好看。餅乾放置太久，表面的糖粉還是會融化，建議盡早食用。

抹茶雪球餅乾

材料 直徑2.5㎝／約24顆份

奶油（無鹽）… 30g
糖粉 … 10g
［低筋麵粉 … 38g
　抹茶粉 … 2g
杏仁粉 … 20g
〈裹粉用〉
糖粉 … 20g
抹茶粉 … 2g

事前準備

- 低筋麵粉與抹茶粉一起過篩。
- 裹粉用的糖粉與抹茶粉一起過篩。

※其他與「香草雪球餅乾」相同。

作法

1. 同「香草雪球餅乾」的步驟**1～2**。
2. 加入低筋麵粉與抹茶粉、杏仁粉，**矽膠刮刀的刀面保持直立，以切拌法攪拌。**以切5次、翻1次的規律攪拌即可。鋼盆的邊緣容易殘留麵糊，記得刮下來拌在一起。
3. 同「香草雪球餅乾」的步驟**5～9**。
4. 將裹粉用的糖粉與抹茶粉一起過篩並倒入容器，再將烤好的餅乾放入容器裹上糖粉與抹茶粉。
5. 用濾茶網撒上裝飾用的糖粉與抹茶粉（皆為額外份量）。使用裝飾專用的防潮糖粉能使成品更好看。餅乾放置太久，表面的糖粉還是會融化，建議盡早食用。

不用烤模就能做出各種形狀

Icebox Cookies
冰盒餅乾

咖啡核桃餅乾　　芝麻餅乾

把麵團用紙張捲成形，就能讓大小一致、烤色均勻

普通作法

○大小不一，容易烤色不均

marimo的作法

- ◆ 不用特殊工具或烤模也能讓餅乾大小一致
- ◆ 散發奶油香氣，口感酥脆

超人氣口味
咖啡核桃餅乾

常溫 2 星期

材料 直徑4cm／約20顆份

奶油（無鹽）… 55g
糖粉 … 35g
雞蛋 … 10g
即溶咖啡粉 … 2小匙（3g）
低筋麵粉 … 90g
核桃 … 20g
細砂糖 … 適量

事前準備

- 糖粉、低筋麵粉各自過篩。
- 奶油與雞蛋回溫至常溫。
- 用蛋液化開即溶咖啡粉ⓐ。
  ※建議使用可冷水沖泡的咖啡粉。
- 用手把核桃撥碎成1cm左右的塊狀。
- 烤箱以180℃預熱。

作法

1. 奶油放入鋼盆，回溫至常溫（約20℃）。奶油不夠軟的話，先用矽膠刮刀一邊壓一邊攪拌，直到奶油呈現光滑柔順狀。
2. 糖粉分成2、3次加入，使用打蛋器攪拌至呈現乳白狀的奶油霜即可。
3. 溶入咖啡粉的蛋液分成2次加入，使用打蛋器攪拌。
4. 加入低筋麵粉，攪拌方式同「香草雪球餅乾」（P34）的步驟**4～5**ⓑ，但不用加杏仁粉。最後再加入核桃混合均勻。
5. 麵團會黏手的話，就用保鮮膜包住麵團，放進冷凍庫冷卻數分鐘ⓒ。
6. 將麵團搓成長度約25cm的長條，並放在影印用紙上，用紙張把麵團捲緊，搓成長度約25cm的圓筒狀ⓓ。冷凍約1小時後，手指沾水潤濕麵團表面ⓔ，並放入有細砂糖的料理鐵盤中滾動，讓麵團表面沾滿細砂糖ⓕ
7. 先按照1.2cm的間距，在麵團表面劃出淺淺的記號ⓖ，再依記號切成圓片ⓗ。
8. 放在鋪好烘焙紙的烤盤上，並保持一定間隔，以烤箱烘烤約18分鐘。約15分鐘後將烤盤轉向。
9. 取出餅乾，放在散熱架上冷卻。

滿滿的芝麻，濃濃的香氣
芝麻餅乾

常溫 2 星期

材料 7×1.5cm的長條狀／約30條份

奶油（無鹽）… 55g
糖粉 … 35g
雞蛋 … 10g
低筋麵粉 … 90g
鹽巴 … 一小撮
焙炒黑芝麻、焙炒白芝麻 … 各2小匙（8g）

事前準備

- 與「咖啡核桃餅乾」相同，但不使用即溶咖啡粉與核桃。

作法

1. 同「咖啡核桃餅乾」的步驟**1～5**。但是鹽巴、芝麻要與低筋麵粉一同加入攪拌。
2. 將麵團搓成圓球狀，並用保鮮膜包住，再用擀麵棍擀成7×16cm的長方形。沒有擀麵棍的話，可以用包住保鮮膜的保鮮膜捲筒代替。
3. 用刀子切掉4邊，再以5mm為間距切成片。
4. 同「咖啡核桃餅乾」的步驟**8～9**。但是烘烤時間為11分鐘，烘烤約8分鐘後將烤盤轉向。

point

只要用紙捲起來再滾一滾，
就能完美塑型。

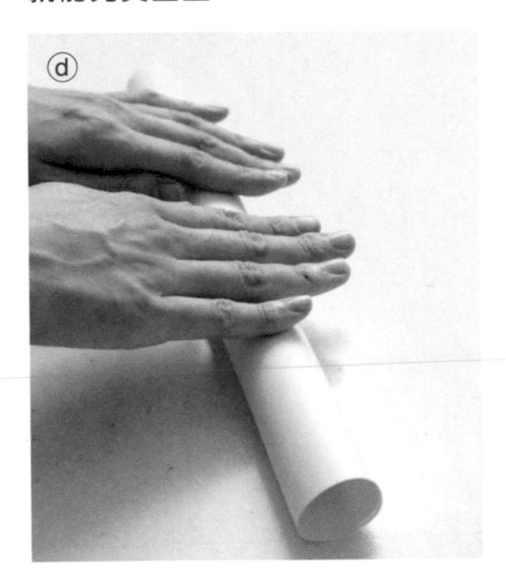

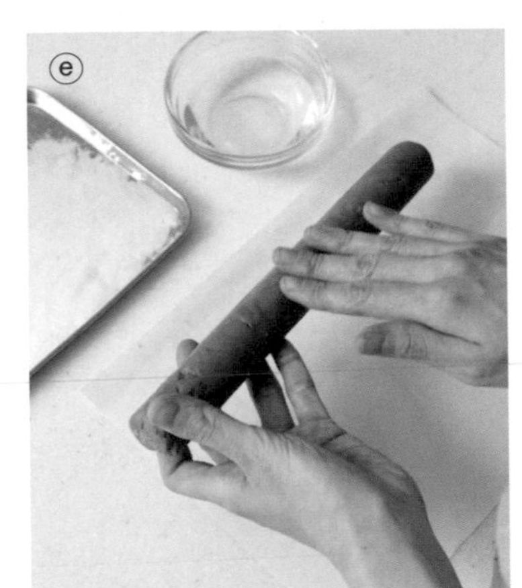

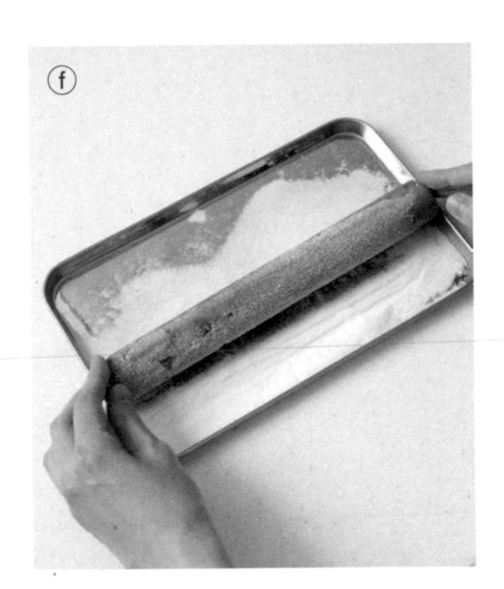

point

按照尺的刻度劃出記號，
就能切出厚度相等的餅乾。

甜而不膩的美味，絲滑柔順的口感

New York Cheesecake

紐約起司蛋糕

隔水烘烤出濕潤又柔滑的口感。入口即化的起司蛋糕，味道濃郁卻讓人忍不住一口接一口

普通作法

○成品的味道濃郁且口感濕潤

marimo的作法

◆ 絲滑柔順又綿密的口感
◆ 起司的蛋糕層與加入肉桂粉的餅乾層達成絕妙的平衡

剛好用完一盒奶油乳酪的分量

紐約起司蛋糕

隔天　冷藏2～3天

材料　直徑15cm的圓形烤模1個份　※使用活動底烤模

焦糖餅乾 … 60g
奶油（無鹽）… 20g
奶油乳酪 … 200g
酸奶油 … 90g
細砂糖 … 60g
雞蛋 … 1顆（55g）
鮮奶油 … 100g
玉米粉 … 15g

事前準備

- 奶油乳酪與酸奶油回溫至常溫。
- 把烤模的底部鋪上烘焙紙。
- 重疊2張鋁箔紙，包覆烤模的底部外側。
- 準備好隔水烘烤用的熱水。
- 烤箱以180℃預熱。

作法

1. 餅乾放入厚塑膠袋，使用擀麵棍等工具敲碎ⓐ。餅乾要碎一點才能鋪得好看。
2. 奶油放入可微波容器，微波爐設定600W加熱20～30秒，融化後倒入步驟**1**的袋子裡，用手揉捏。
3. 倒入烤模，用湯匙的背面把餅乾壓平。
4. 把奶油乳酪放進鋼盆，用矽膠刮刀攪拌至成光滑柔順狀ⓑ。若直接用打蛋器攪拌整塊的奶油乳酪，奶油乳酪容易卡在打蛋器的鋼線之間，所以要利用矽膠刮刀的彈性，把奶油乳酪壓散並攪拌成光滑柔順狀。
5. 加入酸奶油，並用矽膠刮刀攪拌至光滑柔順狀。
6. 加入細砂糖，使用打蛋器攪拌至砂糖與奶油溶合ⓒ。沒有沙沙的顆粒感就可以了。
7. 蛋液分成2次加入ⓓ，用打蛋器攪拌至混合均勻。若一次倒入全部的蛋液，奶油糊與蛋液就不容易混合，務必多加注意。
8. 加入鮮奶油，以打蛋器攪拌至均勻。
9. 用濾茶網將玉米粉篩入鋼盆中，再用打蛋器攪拌均勻ⓔ。亦可使用低筋麵粉代替，但玉米粉做出來的口感會更滑順。
10. 將麵糊倒入烤模。
11. 把烤模放在大一號的烤模或料理方盤中，並注入熱水至烤模高度的一半ⓕ。
12. 放在烤盤上，先以180℃烘烤約15分鐘，再將溫度調至160℃烘烤35分鐘，共計50分鐘。
13. 取出熱水中的烤模，再取下鋁箔紙，放在散熱架上冷卻。
14. 蓋上保鮮膜，放進冰箱冷藏一晚。

point

蛋液分兩次加入，
就不容易結塊。

point

注入熱水至烤模高度的一半。
烤模外側要用鋁箔紙包覆。

外層酥脆，內層柔軟

Scone

司康

原味司康

只要使用刮板，
奶油就不會因為手溫而融化，
也能讓柔軟的司康麵團向上膨脹

普通作法

○扎實、厚重的口感

marimo的作法

◆ 麵團直向膨發，形成開口般的造型
◆ 感受得到奶油與麵粉的香甜

適合下午茶也適合早點

原味司康

剛出爐 | 常溫2～3天

材料 5㎝方塊／6塊份

雞蛋 … 約½顆（30g）
原味優格 … 45g
低筋麵粉 … 150g
泡打粉 … 1小匙（4g）
細砂糖 … 30g
奶油（無鹽）… 45g
（塗表面用）蛋液 … 適量

事前準備

- 奶油邊切塊邊秤重。奶油放在常溫下會融化，因此使用前再從冰箱取出。
- 烤箱以180℃預熱。

作法

1. 雞蛋與優格放入小鋼盆裡攪拌均勻。使用迷你打蛋器會比較方便。**加入優格能讓成品呈現外酥內軟的口感。**
2. 用萬用篩網將低筋麵粉與泡打粉過篩到另一個鋼盆中，加入細砂糖後以塑膠刮板混合。
3. 加入奶油，用粉類包住奶油，並用手指捏碎奶油ⓐ。**把奶油捏散後，再用手掌搓揉，使奶油與粉類混和ⓑ。此步驟的關鍵在於捏散奶油的動作要迅速，奶油才不會因為手掌的溫度而融化。**
4. 搓到看不見奶油的顆粒之後ⓒ，即可加入步驟**1，使用塑膠刮板以切拌法迅速混合5遍ⓓ。**然後從鋼盆的邊緣鏟起麵團翻面，再以切拌法混合5遍。重複以上的步驟，直到麵團顯得濕潤，看不到粉粒。黏在刮板上的麵糊就用手指抹下來。
5. 用刮板與雙手把粗糙不平的麵團整形。這時先**把表面壓平，並整理成長方體的樣子，能讓接下來的步驟更好進行ⓔ。**
6. 用刮板將麵團切成相同的兩等分。將其中一份**疊在另一半上面，再把刮板平放在麵團上，用**力往下壓ⓕ。重複此步驟5遍。**直接用手壓的話，表面的奶油會融化，讓麵團變得黏呼呼。每一次按壓都把表面整平，並整理成長方體的形狀，就能做出漂亮的層次，烘烤時也會膨得很漂亮。**
7. 把麵團整成厚度3㎝的長方體，再用保鮮膜包起來，放進冰箱冷藏15～60分鐘，讓麵團稍微變硬ⓖ。也可以冷藏一晚，隔天再烘烤。
8. 用刀子將麵團切成6等分。盡量切成一樣的大小，才不會熟度不均。切好後放在鋪好烘焙紙的烤盤上。
9. 使用毛刷將表面塗上蛋液。
10. 以烤箱烘烤約18分鐘。

point

迅速地用手把奶油捏碎，
同時讓奶油與麵粉混合。

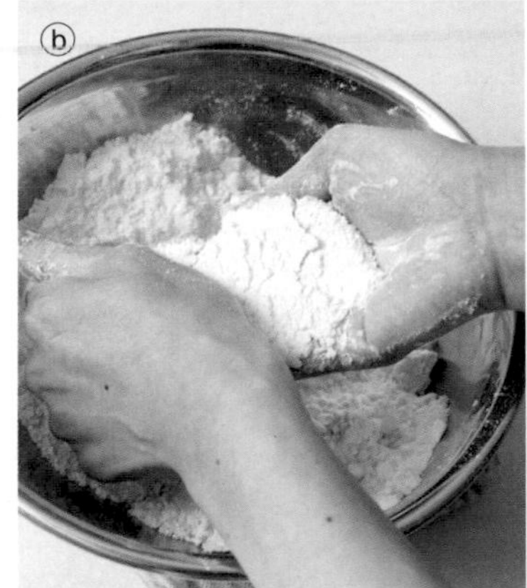

point

混合麵團時要使用塑膠刮板。
動作要迅速，以免奶油融化。

point

重複將麵團對折，
形成多層次。

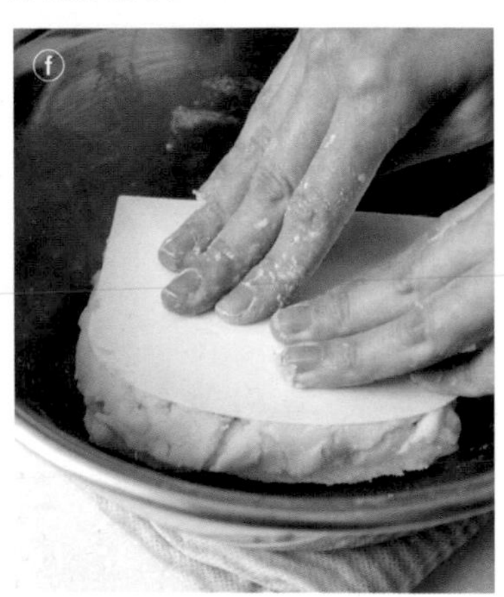

用可可粉與巧克力豆做出豐富的口感

巧克力司康

剛出爐　常溫2～3天

材料 5㎝方塊／6塊份

雞蛋 … 約½顆（30g）
原味優格 … 45g
低筋麵粉 … 130g
可可粉 … 15g
泡打粉 … 1小匙（4g）
細砂糖 … 30g
奶油（無鹽）… 45g
巧克力豆 … 25g
（塗表面用）蛋液 … 適量

事前準備

- 奶油邊秤重邊切塊。放在常溫下可能會融化，因此使用前再從冰箱取出。
- 烤箱以180℃預熱。

作法

1. 先把雞蛋與優格放入小鋼盆裡攪拌均勻。使用迷你打蛋器會比較方便。
2. 用萬用篩網將低筋麵粉與可可粉、泡打粉過篩到另一個鋼盆中ⓐ，加入細砂糖後以塑膠刮板混合。
3. 加入奶油，用粉類包住奶油，並用手指捏碎奶油。把奶油捏散後，再用手掌搓揉，使奶油與粉類混和。
4. 搓到看不見奶油的顆粒之後，即可依序加入巧克力豆ⓑ、步驟**1**，再使用塑膠刮板以切拌法迅速混合**5**遍。從鋼盆的邊緣將麵團鏟起、翻面，再以切拌法混合5遍。重複以上的步驟，直到麵團都看不到粉粒。黏在刮板上的麵糊就用手指抹下來。
5. 用刮板與雙手把粗糙不平的麵團整成長方體。
6. 用刮板將麵團切成相同的兩等分。將其中一份疊在另一半上面，再把刮板平放在麵團上，用力往下壓。重複此步驟5遍。
7. 把麵團整成厚度3㎝的長方體，再用保鮮膜包起來，放進冰箱冷藏15～60分鐘，讓麵團稍微變硬。也可以冷藏一晚，隔天再烘烤。
8. 用刀子把麵團切成6等分。盡量切成一樣的大小，才不會熟度不均。切好後放在鋪好烘焙紙的烤盤上。
9. 使用毛刷將表面塗上蛋液。
10. 以烤箱烘烤約18分鐘。加了可可粉的麵團不容易觀察烤色狀況，因此難以判斷正確的烘焙時間。可以先試做一份原味司康，提前確認烘焙時間，也可以把原味與巧克力口味放在一起烤。

製作甜點的重點②

麵糊的攪拌方式

※此為右撇子的做法。如果是左撇子，就要把動作的方向左右交換。

【用矽膠刮刀從底部翻起】

磅蛋糕、戚風蛋糕、蛋糕捲等等

這種攪拌方式不會破壞麵糊中的氣泡，
能讓攪拌後的麵糊維持蓬鬆。

1. 拿好矽膠刮刀，使刀面朝向斜上方。
2. 將鋼盆想像成時鐘，將刮刀從數字2的方向往8的方向劃過鋼盆的中央，再移動到數字10，最後回到數字2。
3. 從數字8移動到數字10的時候，用左手將鋼盆逆時鐘旋轉60度，這樣就算右手的位置不改變位置，也能均勻地攪拌全部的麵糊。

※此為右撇子的做法。

【用矽膠刮刀切拌麵糊】

瑪芬蛋糕、餅乾等等

這種攪拌方式會降低麵糊出筋（產生筋性）的情況，
做出鬆軟、酥脆口感的甜點。

1. 拿好矽膠刮刀，使刀面朝向自己。
2. 將鋼盆想像成時鐘，將刮刀從數字10的方向往數字4的方向劃去，切開麵糊。
3. 從鋼盆的左上往右下劃5次以後，左手轉動鋼盆，改變角度，再以同樣的方式繼續切拌。

【用矽膠刮刀壓拌麵糊】

餅乾等等

先以切拌法攪拌好餅乾等甜點的麵糊，
最後用這種攪拌方式將麵糊壓至光滑。

1. 握好矽膠刮刀，使刀面朝下。
2. 利用矽膠刮刀的彈性，把麵糊往鋼盆裡面按壓。

製作甜點時是否使用適合的攪拌方式，關係著最後的成品狀態。
在這裡要教各位製作美味甜點的基本攪拌方式。
雖然每道食譜中都有解說，但若想了解更詳細的做法，請參考這兩頁的內容。

【用打蛋器以畫圈的方式攪拌】

起司蛋糕、瑪德蓮蛋糕、布朗尼蛋糕、香蕉蛋糕等等

這種攪拌方式適合用在沒有氣泡的麵糊、
氣泡被破壞也沒關係的麵糊，可以很有效率地把材料攪拌在一起。

1. 拿好打蛋器，與鋼盆底保持垂直。
2. 將打蛋器插入材料中間，以畫圈的方式慢慢地往外側攪拌。
3. 攪拌時必須維持同一個方向（中途不要換邊）。
4. 慢慢地往外側攪拌，把鋼盆上的粉類刮下來。

【打發蛋白霜】

戚風蛋糕、蛋糕捲等等

這種攪拌方式可用來充分打發加入細砂糖的蛋白。

1. 蛋白當中加入一些細砂糖，可以幫助蛋白打發。
2. 先用電動攪拌器的中速攪拌約45秒～1分鐘，把蛋白打出氣泡。要稍微傾斜鋼盆，讓蛋白集中在盆底，讓攪拌棒盡量接觸到更多蛋白。攪拌時要讓整支攪拌棒都能拌到蛋白，同時小幅度地左右移動攪拌器。
3. 當蛋白打發至微微膨起後，再將轉速調為高速，每15秒就加入一次細砂糖，共分4次加入。將鋼盆放於工作台上，攪拌棒垂直於鋼盆底，在鋼盆中以畫圈的方式移動攪拌器。時不時用另一隻手將鋼盆轉向身體一側，可以更全面地打發蛋白。
4. 攪拌至看得到攪拌棒留下的紋路，即可關閉電源。用攪拌棒撈起蛋白霜，假如蛋白霜有明顯的三角狀，且前端微微往下勾，呈現有彈性的狀態時，就算完成了。

不及格：提起攪拌棒時看不到三角狀的蛋白霜，代表打發不足；部分呈現油水分離，且產生顆粒，則代表過度打發。

使用無油配方做出軟綿綿的蛋糕。
而且還是使用磅蛋糕烤模！

Chiffon Cake

戚風蛋糕

蛋白霜拌入麵糊前
要再打發一次，
並用撈起再落下的方式攪拌

普通作法

○必須準備戚風蛋糕烤模
○使用植物油

marimo的作法

◆ 用磅蛋糕烤模即可
◆ 不加植物油也能烤出軟綿綿的蛋糕

材料只需雞蛋、麵粉、細砂糖與優格

戚風蛋糕

冷藏後更美味 冷藏2～3天

材料 18×8×8cm的磅蛋糕烤模1條份

蛋黃…2顆份（40g）
細砂糖…15g
原味優格…45g
蛋白…2顆份（70g）
細砂糖…30g
低筋麵粉…45g

事前準備

- 烤模的底部與側面窄邊鋪上烘焙紙ⓐ。
- 低筋麵粉過篩。
- 用鋼盆裝著蛋白，並放入冰箱冷藏。（冷藏後能使打發的蛋白霜更穩定）
- 烤箱以180℃預熱。

作法

1. 將蛋黃及15g的細砂糖放進鋼盆，以高速模式的電動攪拌器攪打約1分30秒，將蛋黃打發至呈現乳白狀，也使蛋黃霜飽含空氣ⓑ。卡在攪拌棒上的蛋黃霜用手指抹下來。
2. **加入優格ⓒ，以打蛋器攪拌至均勻，靜置片刻。**
3. **從30g的細砂糖舀1小匙加入冷藏過的蛋白，稍微提起鋼盆的一側，使蛋白集中在同一處，接著以中速模式的電動攪拌器攪打約1分鐘，要讓攪拌棒都能打到蛋白，同時還要小幅度地左右來回移動攪拌棒ⓓ。**
4. 蛋白打發至微微膨起時，切換成高速模式繼續攪打，約15秒就加入一次細砂糖，共分成4次。將鋼盆放在桌面上，攪拌棒垂直於盆底，同時用另一隻手將鋼盆往逆時鐘方向旋轉，並以畫圓的方式移動鋼盆中的攪拌棒ⓔ。
5. 蛋白霜打發至出現攪拌的紋路後，試著用攪拌棒撈起蛋白霜，**假如蛋白霜前端微微往下勾，就是打發完成ⓕ。蛋白霜如果出現部分油水分離，出現顆粒狀，就代表過度打發ⓖ。**
6. 將低筋麵粉加入步驟**2**，且打蛋器垂直於盆底，攪拌至呈現無結塊的均勻稠狀麵糊。
7. **用打蛋器舀起一些蛋白霜加入麵糊，然後用打蛋器撈起再落下蛋白霜與麵糊約3、4次ⓗ。**
8. **以電動攪拌器的低速模式繼續打發剩餘的蛋白霜，再將步驟7倒入蛋白霜，用矽膠刮刀從盆底翻起蛋白霜與麵糊，翻拌至均勻ⓘ。**
9. 將麵糊倒入烤模。假如烤模較小，也可以把多的麵糊倒入瑪芬蛋糕烤模。放在烤盤上，放進烤箱烘烤約30分鐘。待蛋糕膨得差不多時觀察蛋糕的狀態，若裂痕的部分也已經呈現漂亮的烤色，且蛋糕的高度在微微塌陷後就穩定下來，即可出爐。
10. 取出烤箱中的蛋糕，在桌面上輕敲數下烤模底部，然後直接放在散熱架上至完全冷卻。
11. 把蔬果刀插入烤模與蛋糕之間，以不劃傷烤模為前提，沿著烤模的壁面劃一圈，讓蛋糕從烤模滑出。蛋糕脫模後，下層的部分就容易崩散，所以不打算立刻享用的話，可以直接用保鮮膜包住烤模，放進冰箱冷藏，要吃的時候再脫模。

point

以優格取代植物油，
也能做出軟綿綿的美味蛋糕。

point

攪拌棒先浸在蛋白裡再啟動，
這樣就不會把蛋白濺出去。

point

要加麵粉攪拌之前，
再打發蛋白霜。

point

這是過度打發的狀態。
部分油水分離，呈現顆粒狀。

point

先撈一些蛋白霜與麵糊攪拌，
這樣會更容易拌勻。

point

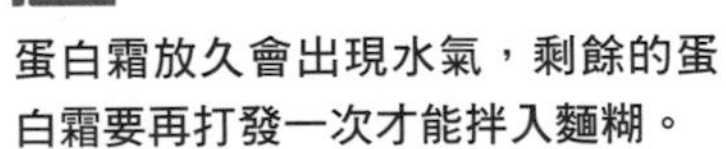
蛋白霜放久會出現水氣，剩餘的蛋
白霜要再打發一次才能拌入麵糊。

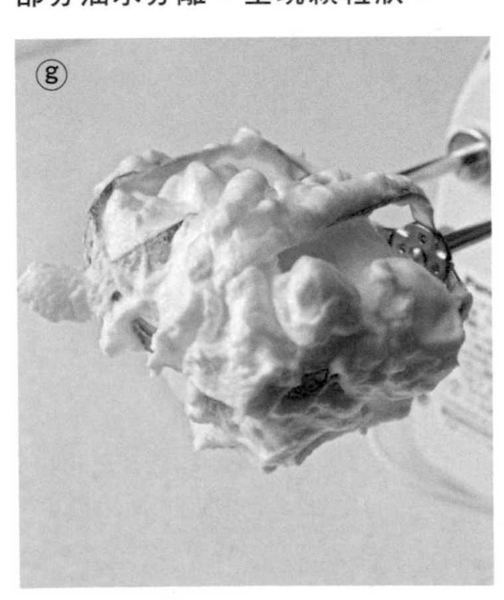

戚風蛋糕裡塞滿了抹茶奶油醬！

抹茶生戚風蛋糕

冷藏後更美味　冷藏1～2天

材料　18×8×8cm的磅蛋糕烤模1條份

- 蛋黃…2顆份（40g）
- 細砂糖…15g

原味優格…45g

- 蛋白…2顆份（70g）
- 細砂糖…30g

- 低筋麵粉…40g
- 抹茶粉…3g

〈抹茶奶油醬〉

- 鮮奶油…100g
- 細砂糖…10g
- 抹茶粉…3g

事前準備

- 烤模的底部與側面窄邊鋪上烘焙紙。
- 低筋麵粉與抹茶粉一同過篩ⓐ。
- 用鋼盆裝著蛋白，並放進冰箱冷藏。
- 烤箱以180℃預熱。

作法

1. 同「戚風蛋糕」（P.54）的作法**1～11**。但步驟**6**的低筋麵粉要先與抹茶粉一起過篩。
2. 把筷子插入戚風蛋糕的短邊側面，用筷子在中間挖出一個洞ⓑ。
3. 製作抹茶奶油醬。把鮮奶油、細砂糖放進鋼盆，然後用濾茶網將抹茶粉過篩至鋼盆中。抹茶粉容易結塊，所以最好過篩後再使用。
4. 用另一個同樣大的鋼盆裝冰水，將步驟**3**的鋼盆放在上面，以電動攪拌器將鮮奶油打發至8分發。鮮奶油的溫度太高會造成油水分離，因此打發過程要保持低溫。而且還要注意別讓鮮奶油碰到水，否則也無法順利打發。一開始先用低速模式攪拌，再慢慢地移動攪拌棒，這樣才不會往外濺。
5. 攪打至稠狀之後要慢慢提升攪打速度，先升至中速，再切換成高速模式。像畫圈一樣移動攪拌棒，才能打到全部的鮮奶油。停止攪拌器，並用攪拌棒撈起鮮奶油，確認鮮奶油呈現軟綿蓬鬆的樣子即可。要再三確定鮮奶油是否為最適合的狀態。
6. 將鮮奶油裝進擠花袋。先將袋口反摺，將袋口套在手指上，再把奶油裝進袋子裡。把袋子反摺的部分翻回來，用塑膠刮板從外側把鮮奶油往前推。
7. 把擠花袋的前端剪出一小洞，把鮮奶油擠進蛋糕的洞ⓓ。
8. 用保鮮膜包住，放進冰箱冷藏至鮮奶油稍微變硬。依個人喜好切成喜歡的厚度。

令人吃驚的細緻質地

Pound Cake
磅蛋糕

萊姆酒葡萄乾磅蛋糕

攪拌奶油時分次加入細砂糖，讓奶油霜飽含空氣，就能烤出質地無比細緻的蛋糕

普通作法

○ 麵糊的質地就像棉花一樣

marimo的作法

◆ 麵糊的質地就像絲綢一樣

◆ 無比細緻又溼潤的口感

萊姆酒的香氣使風味更上一層

萊姆酒葡萄乾磅蛋糕

隔天　常溫4～5天

材料　18×8×8㎝的磅蛋糕烤模1條份

奶油（無鹽）… 100g
細砂糖 … 100g
雞蛋 … 接近2顆（80g）
低筋麵粉 … 100g
泡打粉 … ½小匙（2g）
葡萄乾 … 80g
（依個人喜好）萊姆酒 … 15g

事前準備

- 烤模鋪上烘焙紙。
- 低筋麵粉與泡打粉一同過篩。
- 奶油與雞蛋退冰至常溫（約20℃）。
- 烤箱以180℃預熱。

作法

1. 奶油放入鋼盆，退冰至常溫（約20℃）。**奶油不夠軟的話，先用矽膠刮刀一邊壓一邊攪拌至光滑柔順狀**ⓐ。**磅蛋糕等等的奶油蛋糕能夠烤得蓬鬆又細緻，是利用了奶油在攪拌時會包覆空氣的性質。讓奶油退冰至常溫，然後攪拌至光滑柔順的過程，就能發揮出此特性。**
2. **細砂糖分成5、6次加入，每倒一次砂糖，就用電動攪拌器攪打1分鐘左右。一次全部加入會很難拌勻，所以要分次少量地加，並在攪拌時把空氣打入奶油**ⓑ。攪拌途中要用矽膠刮刀把鋼盆邊緣的奶油刮下來ⓒ。奶油攪拌至乳白狀即可。
3. 攪散的蛋液分成5、6次加入，每倒一次蛋液，就用電動攪拌器攪打1分鐘左右。一次全部加入會很難拌勻，所以要分次少量地加。**蛋液的溫度太低會使奶油冷卻凝固，很難攪拌均勻，所以要先退冰至常溫（約20℃）**。
4. 加入一半份量的粉類，用矽膠刮刀從底部翻起攪拌ⓔ。
5. 攪拌至9成左右時，先用矽膠刮刀把鋼盆邊緣的麵糊刮下來，再加入剩餘的粉類與葡萄乾，以同樣的方式攪拌ⓕ。**有些麵粉會殘留在鋼盆的邊緣，最好隨時刮下來一起攪拌。**
6. **攪拌至沒有粉粒後，繼續以同樣的方式攪拌約50次，直到麵糊呈現有光澤的柔順狀態**ⓖ。**麵糊攪拌至沒有粉粒後，仍帶有微微的顆粒感，表面也還沒有光澤，但隨著繼續攪拌，麵糊就會漸漸變得光滑柔順。攪拌時記得隨時觀察麵糊的狀態。**
7. 烤模窄邊的烘焙紙容易往下滑，可以先沾一點麵糊固定住ⓗ。**再把麵糊倒進烤模**ⓘ。
8. 放在烤盤上，放進烤箱烘烤約45分鐘。烘烤10分鐘左右取出蛋糕，用刀子在正中央劃出刀痕，再放回烤箱 。**劃出刀痕可以讓烤出來的蛋糕有漂亮的裂痕。動作要迅速，才不會讓烤箱內的溫度下降。**
9. 蛋糕出爐後，先在桌面上敲一敲烤模底部，把蛋糕裡的熱氣震出來。這麼做可以有效減少蛋糕回縮。
10. 帶上手套拎起烘焙紙的兩端，從烤模裡取出蛋糕，然後直接放在散熱架上。
11. 除了底面的其餘表面依個人喜好塗上萊姆酒，然後放涼。

point

奶油攪拌至光滑柔順狀後，
加入細砂糖。

point

重點在於細砂糖要分次
慢慢加入。

point

雞蛋與奶油一樣，
一定要先退冰至常溫。

point

攪拌至麵糊呈光滑柔順狀。

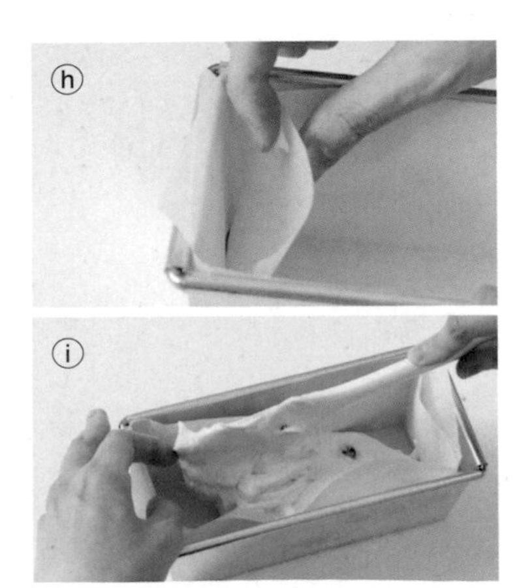

用焦糖鮮奶油做出有深度的美味

無花果焦糖磅蛋糕

隔天 ｜ 常溫 4～5 天

材料　18×8×8cm的磅蛋糕烤模1條份

奶油（無鹽）⋯ 100g
細砂糖 ⋯ 60g
雞蛋 ⋯ 接近2顆（80g）
低筋麵粉 ⋯ 100g
泡打粉 ⋯ ½小匙（2g）
無花果乾 ⋯ 100g
〈焦糖鮮奶油醬〉
鮮奶油 ⋯ 50g
細砂糖 ⋯ 50g
水 ⋯ 2小匙（10g）

事前準備

- 無花果乾切成1cm的塊狀，浸泡於熱水中約5分鐘，使果乾吸水。撈起後用廚房紙巾吸去多餘的水分。果乾直接放入麵糊，會吸收麵糊的水分，造成麵糊水分不足，因此才需此步驟。
- 烤模鋪上烘焙紙。
- 低筋麵粉與泡打粉一同過篩。
- 奶油與雞蛋退冰至常溫（約20℃）。
- 烤箱以180℃預熱。

作法

1　先做好焦糖鮮奶油（參考右邊作法）。

2　同「萊姆酒葡萄乾磅蛋糕」（P60）作法**1～3**。

3　加入約1大匙的麵粉，用電動攪拌器攪拌。（這是為了防止焦糖鮮奶油造成油水分離）

4　加入焦糖鮮奶油，用電動攪拌器攪拌。焦糖鮮奶油冷卻凝固的話，先用隔水加熱至與體溫相當的溫度，讓鮮奶油軟化才會比較好攪拌。

5　攪拌均勻後，先用矽膠刮刀把鋼盆邊緣的麵糊刮下來，再加入剩餘的麵粉與無花果乾，用矽膠刮刀把材料從底部翻起來攪拌。卡在鋼盆邊緣的麵粉要隨時刮下來一起攪拌。

6　**攪拌至沒有粉粒後，以同樣的方式攪拌約50次，直到麵糊呈現光滑柔順的樣子。**

7　先將烘焙紙的兩端沾上一點麵糊固定，再把麵糊倒入烤模。

8　放在烤盤上，放進烤箱烘烤約45分鐘。烘烤10分鐘左右取出蛋糕，用刀子在正中央劃出刀痕，再放回烤箱。劃出刀痕可以讓烤出來的蛋糕有漂亮的裂痕。動作要迅速，才不會讓烤箱內的溫度下降。

9　蛋糕出爐後，在桌面上敲一敲烤模底部，把蛋糕裡的熱氣震出來。

10　帶上手套拎起烘焙紙的兩端，從烤模裡取出蛋糕，然後直接放在散熱架上放涼。

使用微波爐就能製作焦糖鮮奶油的作法

1　鮮奶油放進微波爐，以火力600W加熱約30秒至與體溫相當的溫度。

2　將細砂糖與冷水放入可微波容器，放進微波爐加熱約3分鐘。加熱後的糖液約為180℃，因此建議使用可微波的玻璃碗。加熱約2分鐘時先觀察狀態，分次追加剩餘的加熱時間，一次追加15秒。**在最後的加熱階段，糖液靠著容器的餘溫也能變色，所以最後要暫停一下，先觀察糖液的狀態**ⓐ。

3　糖液變成焦糖色後，分次慢慢加入步驟**1**的鮮奶油ⓑ。燙手的容器會讓鮮奶油到處亂濺，最好戴上手套操作。**若直接使用冰冷的鮮奶油，則會因為溫度差導致焦糖變硬，所以要事先溫熱。**

4　用迷你打蛋器輕輕地攪打至均勻ⓒ。直接放在常溫下冷卻。

自己做出美味的超人氣甜點

Lemon Cake

檸檬蛋糕

蛋液與砂糖打發後，能讓蛋糕有著無比細緻、入口即化的高級質感

普通作法

○溼潤而美味

marimo的作法

◆ 鬆軟溼潤且入口即化

◆ 淋上糖霜更亮眼

最後淋上加了檸檬汁的糖霜

檸檬蛋糕

隔天 | 常溫4～5天

材料 8×5×3cm的檸檬蛋糕烤模6顆份

雞蛋…1顆（55g）
細砂糖…45g
原味優格…15g
低筋麵粉…55g
泡打粉…¼小匙（1g）
奶油（無鹽）…45g
檸檬皮（日本產）…½顆份
〈糖霜〉
檸檬汁…15g
糖粉…75g
（裝飾用）開心果…適量

事前準備

- 烤模塗上奶油或植物油（皆額外份量），出爐時便能順利脫模。可以使用毛刷塗抹，沒有的話也可以使用廚房紙巾。
- 低筋麵粉與泡打粉一同過篩。
- 奶油隔水加熱至約50℃。差不多融化時更換熱水，可保持在適當的溫度。
- 檸檬皮磨成碎屑。
- 雞蛋退冰至常溫。
- 烤箱以180℃預熱。

作法

1. 把打散的蛋液與細砂糖倒入鋼盆，**隔水加熱至與體溫相當的溫度（約35℃）ⓐ。加熱過的蛋液可以讓蛋糕更鬆軟。**
2. 電動攪拌器的攪拌棒垂直於盆底，以高速模式打發蛋液約3分鐘至濃稠狀。**攪打時以畫圓的方式移動鋼盆中的攪拌棒，畫圓的大小約為鋼盆的⅔，並隨時轉動鋼盆，這樣才能全面地打發每一處的蛋液ⓑ。**
3. 電動攪拌器轉為低速模式，攪拌棒一樣垂直於盆底，**攪打時在每一處停留約5秒鐘，以消除蛋霜裡的氣泡ⓒ。**每停留5秒後就把攪拌棒往旁邊稍微移動，繞一圈大約攪打1分鐘，消除表面的紋路。
4. 加入優格，以低速模式慢慢攪拌至均勻。
5. 粉類分成3次加入，每次加入的時候都要用矽膠刮刀從底部翻起材料，攪拌至沒有粉粒為止。**把鋼盆想像成一個時鐘，刮刀先從數字2的位置直接劃過中央到達數字8ⓓ，然後移動到數字10，再返回數字2，用這樣的方式來攪拌ⓔ。**從數字8移動到數字10的時候，用左手把鋼盆逆時鐘轉60度，這樣就算拿刮刀的那隻手不改變位置，也能把全部的材料攪拌均勻。
6. 將事先融化至50℃的奶油分3次加入，每一次加入時都要使用與步驟**5**相同的要領攪拌。攪拌到看不見奶油後，再繼續攪拌5～10次，然後加入檸檬皮，攪拌10次左右至均勻。
7. 麵糊倒入烤模ⓕ，再把烤模放在烤盤上，放進烤箱烘烤約15分鐘。烘烤10分鐘後最好將烤盤轉向，以免烤色不均。出現漂亮的烤色，且烤模與蛋糕之間出現些微的空隙，即可出爐。
8. 把烤網放在烤模上面，然後一起翻面，將蛋糕脫模。散熱以後蓋上保鮮膜防止表面過乾。
9. 把檸檬汁與過篩後的糖粉放入小鋼盆，用迷你打蛋器攪拌，製作淋面用的糖霜。**糖霜太硬的話，可以隔水加熱至約30℃，糖霜變滑順後會比較好沾。**
10. 把步驟**8**的蛋糕翻過來沾步驟**9**ⓖ，然後放在烘焙紙上，趁著糖霜還沒凝固前，用切碎的開心果裝飾ⓗ。放在常溫下約1小時，糖霜凝固後即完成。

point

蛋液打發之前要先隔水加熱至
與體溫相當的溫度。

ⓐ

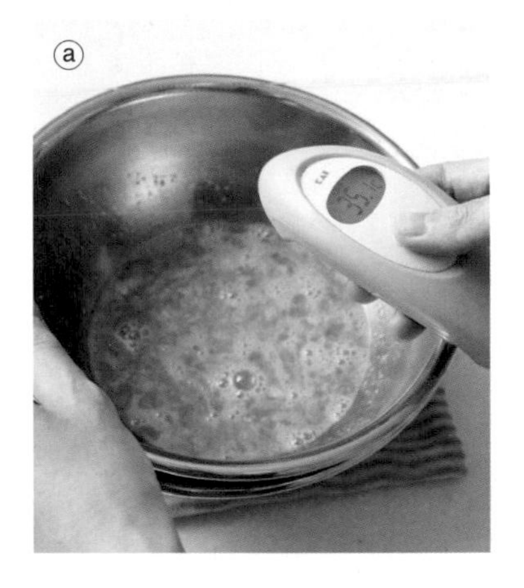

ⓑ

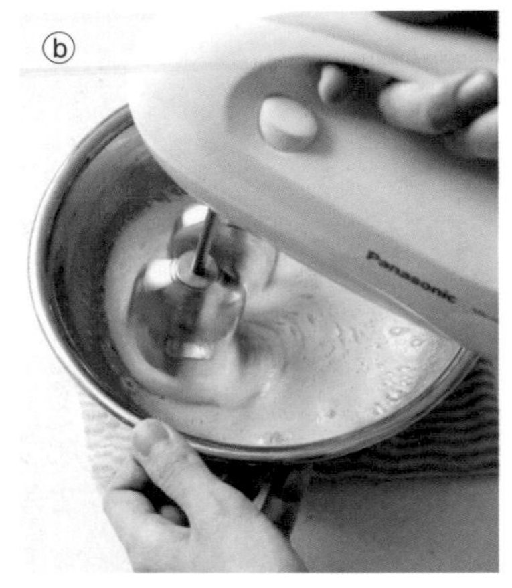

point

打發至看不見攪拌棒的紋路，
消除蛋液中的氣泡。

ⓒ

ⓓ

point

加入粉類後改用矽膠刮刀，
從盆底翻起麵糊攪拌。

ⓔ

ⓕ

point

糖霜的用量極少，
盡量使用小鋼盆。

ⓖ

point

糖霜凝固的時間依溼度而定。

ⓗ

保存的注意事項

糖霜會吸收蛋糕中的水分，並且漸漸融化。糖霜融化後雖不減美味，還是建議盡早食用。

可以當作情人節禮物
適合送禮的甜點

橙香核桃
布朗尼蛋糕

只需把材料放在一個鋼盆攪一攪，就大功告成！

Brownie
布朗尼蛋糕

隔水加熱用的鋼盆 要比攪拌用的鋼盆小一號，才不會讓水蒸氣碰到巧克力

普通作法

○必須打發蛋液

marimo的作法

- 不用打發蛋液，也能做出溼潤又鬆軟的口感
- 可以盡情品嘗巧克力的風味

與巧克力的味道最搭的材料組合

橙香核桃
布朗尼蛋糕

隔天 冷藏後更美味 冷藏2～3天

材料 15㎝方形烤模1盒份

巧克力…50g
奶油（無鹽）…40g
細砂糖…35g
雞蛋…1顆（55g）
- 低筋麵粉…30g
- 可可粉…5g
- 泡打粉…¼小匙（1g）

橙皮…25g
核桃…15g
※巧克力使用市售的高純度巧克力

事前準備

- 烤模鋪上烘焙紙。
- 攪散蛋液，隔水加熱至25～30℃。
- 低筋麵粉、可可粉與泡打粉一同過篩。
- 烤箱以160℃預熱。

作法

1. 將巧克力、奶油、細砂糖放入鋼盆，**再用另一個小一點的鋼盆裝熱水，然後放上裝著材料的鋼盆，將巧克力隔水加熱至融化**ⓐ。巧克力加熱到45～50℃時，流動性會是最剛好的狀態，比較方便作業。巧克力碰到水會造成油水分離，要注意別讓巧克力碰到水蒸氣。
2. 加入打散的蛋液一起攪拌ⓑ。蛋液與巧克力攪拌後會乳化，感覺起來會比較沉。**冰冷的蛋液會讓巧克力變冷，以致巧克力凝固，所以要事先隔水加熱至25～30℃。**
3. 加入粉類，並將打蛋器垂直於盆底，將材料攪拌在一起ⓒ。麵粉容易卡在鋼盆邊緣，記得全部刮下來拌在一起。看不到粉粒後即可停止攪拌ⓓ。
4. 加入橙皮攪拌，直到橙皮均勻散布於麵糊ⓔ。攪好的麵糊溫度要落在30℃左右，低於這個溫度的話，麵糊就會變得太硬，不好倒入烤模。
5. 麵糊倒入烤模，撒上碎核桃ⓕ。
6. 放進烤箱烘烤約11分鐘（每台烤箱的烘焙時間會有些落差，因此要根據烤色調整時間）。這款甜點的厚度較薄，烤太久會變得太硬，所以要注意烘烤時間。由於烘烤的時間較短，中途不必把烤盤換邊也沒關係。

原味也美味

用同樣的方式製作，但不加橙皮與核桃，就是簡簡單單的布朗尼蛋糕，同樣推薦給各位。

point

將蛋液加熱至25～30℃，
會更容易與巧克力拌勻。

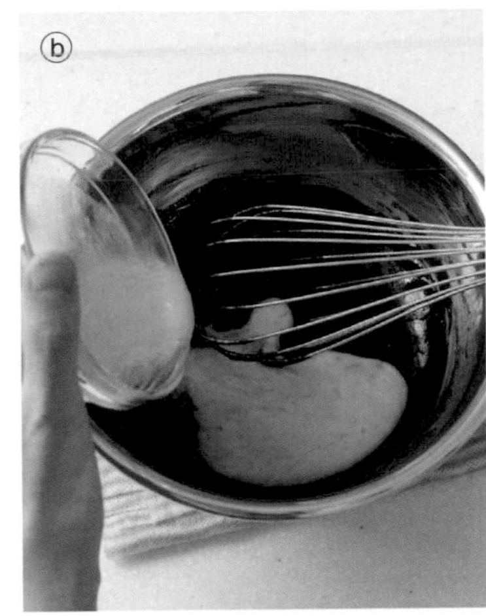

Wrapping Ideas

裝入市售的紙盒，再貼上英文字的貼紙裝飾。

高級的質感最適合送禮

Chocolate Salami

巧克力薩拉米

冷藏 2～3 天

材料 3×3×10㎝的條狀／2條份

核桃 … 20g
棉花糖 … 20g
巧克力 … 100g
鮮奶油 … 60g
開心果 … 15g
蔓越莓乾 … 20g
糖粉（防潮型）… 適量

事前準備

- 將500㎖的牛奶紙盒裁去其中一面的側面，飲口的部分摺好並用膠帶固定，做成模具ⓐ，使用與磅蛋糕烤模一樣的方式（磅蛋糕用，P11）鋪上烘焙紙。
- 生堅果請先烘焙再使用。

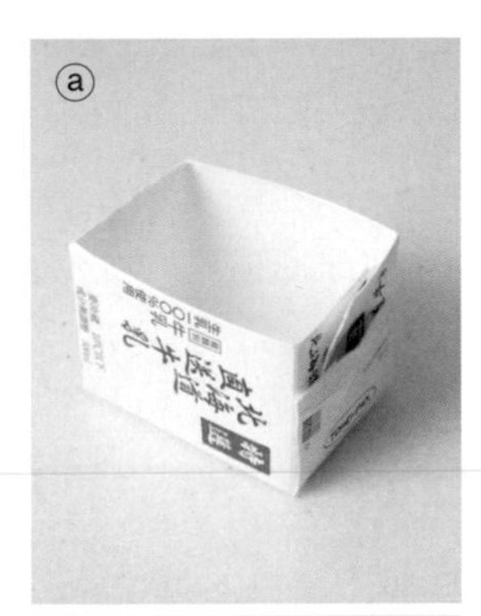

作法

1. 核桃與棉花糖皆切成1㎝的塊狀。
2. 巧克力切碎後放入鋼盆。**盡量切碎一點會比較好融化。**
3. 鮮奶油放入可微波容器，以600W的火力微波加熱約40秒，再倒入步驟**2**的鋼盆裡ⓑ。
4. 靜置片刻後用打蛋器攪拌，**靠著鮮奶油的熱度讓巧克力慢慢融化。假如巧克力尚未完全融化，可以再隔水加熱。**
5. 攪拌均勻後，加入步驟**1**、無花果、蔓越莓乾一起攪拌ⓒ。
6. 倒入牛奶盒做成的模具，把表面抹平。
7. 放進冰箱冷藏約3個小時至凝固。
8. 脫模後用刀子對半縱切，表面撒上糖粉後切成方便入口的厚度。**熱熱的刀子比較好切，建議先遠遠地以直火加熱，也可以用熱水燙熱。巧克力撒上糖粉後，拿在手上也不容易融化。**

※建議使用放久了也不會融化的裝飾用糖粉。

Wrapping Ideas

排在Panibois木製烤模裡，再用透明袋裝起來，最後綁上帶著小卡的鐵絲紮線。

使用烘焙專用巧克力，就能凝固出更漂亮的成品

Rocher

巧克力餅乾球

冷藏4～5天

材料 各10顆份

〈焦糖榛果巧克力餅乾球〉
焦糖堅果 … 30g
巧克力 … 80g
玉米脆片 … 20g
〈橙香白巧克力餅乾球〉
白巧克力 … 80g
橙皮 … 5g
玉米脆片 … 20g

※「焦糖堅果」請參考P76。沒有的話，可以使用烘焙過的綜合堅果。

事前準備

・準備好隔水加熱用的滾水。

作法

〈焦糖榛果巧克力餅乾球〉

1. 焦糖堅果切成約7㎜的塊狀。
2. 把巧克力放入鋼盆，再用另一個較小的鋼盆裝熱水，然後放上裝著巧克力的鋼盆，讓巧克力融化。巧克力怕水，所以要注意別讓巧克力碰到水蒸氣。
3. 將步驟**1**與玉米脆片加入步驟**2**混合。
4. 使用2支湯匙，把裹上巧克力的堅果與脆片舀在烘焙紙上，整理好形狀ⓐ。
5. 放入冰箱冷藏約10分鐘，使巧克力球凝固。

〈橙香白巧克力餅乾球〉

1. 巧克力同「焦糖榛果巧克力餅乾球」(上記)的步驟**2**，隔水加熱至融化。
2. 將橙皮與玉米脆面加入步驟**1**混合。
3. 使用2支湯匙，把裹上巧克力醬的堅果與脆片舀在烘焙紙上，並整理好形狀。
4. 放入冰箱冷藏約10分鐘，使巧克力球凝固。

Wrapping Ideas

把雙色的巧克力餅乾球輪流放進長型的透明包裝袋，再用膠帶固定袋口。

迷人的香氣令人欲罷不能！

Caramelized Nuts

焦糖堅果

冷藏 1 週

材料 方便製作的份量

細砂糖 … 50g
水 … 20g
綜合堅果 … 150g
奶油（無鹽）… 3g

事前準備

・生堅果請先烘焙再使用。

作法

1. 將細砂糖與冷水放進不沾塗層的平底鍋，以中火加熱。加熱時一邊搖晃鍋子，直到糖液沸騰至冒出大泡泡ⓐ。
2. 關火並加入堅果。
3. 用木鏟持續攪拌約1分鐘，糖液中的砂糖會漸漸地結晶化。
4. 再次打開爐火，以中～小火加熱，一邊攪拌至呈現焦糖色。堅果在加熱過程中會冒煙，但還是要持續加熱至呈現焦糖色ⓑ。
5. 炒成焦糖色後即可關火，再放入奶油攪拌均勻。奶油可以讓黏成一團的堅果分開，也有增加光澤的效果。
6. 把堅果散放在烘焙紙上，別讓堅果黏在一起。

Wrapping Ideas

放進可密封的夾鏈自立包裝袋。

只要裝進盒子裡，就是超棒的禮物

餅乾禮盒

像玩拼圖一樣，在盒子裡排滿各種餅乾。
光是想像對方打開餅乾盒時的開心笑容，
就令人感到愉快。

使用12×12×4㎝的鐵盒

餅乾的擺法

1 鐵盒底部先放上乾燥劑，再鋪上烘焙紙。左右兩邊都要多保留一些烘焙紙，這樣才可以蓋住餅乾。

2 先從大塊的餅乾開始擺，這樣比較容易填滿空隙。除了最常使用的重疊擺放，也可以把餅乾豎立擺放，盡量把空隙填滿。

3 雪球餅乾的表面有糖粉，裝盒時容易沾到其他餅乾，所以比較適合最後再擺放；假如要提著餅乾盒到處走，不建議放雪球餅乾。

[使用的餅乾]

- 椰香軟餅乾（P32）
- 雪球餅乾（香草口味、抹茶口味）（P34）
- 冰盒餅乾（咖啡核桃口味、芝麻口味）（P36）
- 冰盒餅乾改編版〈紅茶口味、巧克力口味〉（P81）

鐵盒換個形狀，看起來更時髦

餅乾小禮盒

使用長條狀鐵盒，包裝起來更輕鬆。
太大塊的餅乾放不進盒子時，切成一半也是一個好辦法。
這款餅乾盒共使用了 4 種冰盒餅乾。

使用16×4×3.5㎝的鐵盒

冰盒餅乾變化版

茶香馥郁的超人氣口味

紅茶餅乾

常溫 2 週

材料 2×3.5㎝／約24塊

奶油（無鹽）… 55g
糖粉 … 35g
雞蛋 … 10g
低筋麵粉 … 90g
紅茶茶葉 … 1小匙（2.5g）

事前準備

・同「芝麻餅乾」（P36）。

作法

步驟同「芝麻餅乾」。但步驟**1**要加入紅茶茶葉攪拌，不加芝麻與鹽巴。步驟**2**將麵團搓成圓球狀並用保鮮膜包住，然後壓成10×12㎝的長方形。步驟**3**將麵團切成1.5×3㎝的方塊ⓐ，表面沾上細砂糖（額外份量）。步驟**4**放進烤箱烘烤約17分鐘。

ⓐ

讓巧克力迷愛不釋手

雙倍巧克力餅乾

常溫 2 週

材料 邊長各4㎝的三角形／約20塊

奶油（無鹽）… 55g
糖粉 … 35g
雞蛋 … 10g
低筋麵粉 … 80g
可可粉 … 8g
巧克力豆 … 40g

事前準備

・低筋麵粉與可可粉一起過篩。
※其他同「咖啡核桃餅乾」（P36）。

作法

步驟同「咖啡核桃餅乾」（P36）。但不使用即溶咖啡粉、核桃，步驟**4**要加入巧克力豆。步驟**6**把麵團搓成圓球狀並用保鮮膜包住，再捏成長度為25㎝的三角柱ⓐ。不用沾細砂糖。步驟**8**放進烤箱烘烤約18分鐘。

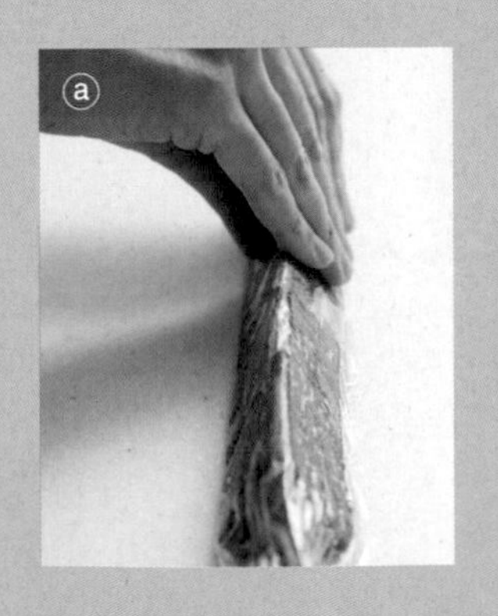
ⓐ

放入1～2種餅乾就OK

罐裝餅乾

只需使用市售的透明圓盒包裝餅乾。
不用花太多工夫的無負擔小禮物。

使用直徑8×高度5.5㎝的透明圓盒

裝盒後就是既得體又暖心的禮物

瑪德蓮蛋糕禮盒

只需要把揉皺的焙紙鋪在鐵盒裡，
再擺上2種瑪德蓮蛋糕即可。
貝殼造型與深濃烤色，美得像幅畫。

使用12×12×4㎝的鐵盒

用手工甜點慶祝聖誕節！

可以當成裝飾品的餅乾

Christmas Ornament Cookies

黑糖與薑味最速配

薑餅

常溫 2 週

材料 方便製作的份量

奶油（無鹽）… 60g
黑糖 … 40g
蛋黃 … 1顆份（18g）
薑泥 … 10g
低筋麵粉 … 120g

※如要製作巧克力口味，則是將110g的低筋麵粉與10g的可可粉一起過篩。

事前準備

- 低筋麵粉過篩。
- 奶油與蛋黃退冰至常溫。
- 烤箱以180℃預熱。

作法

1. 奶油放在鋼盆，退冰至常溫（約20℃）。奶油不夠軟的話，先用矽膠刮刀一邊壓一邊攪拌至光滑柔順狀。
2. 黑糖分成2、3次加入，使用打蛋器攪拌奶油與黑糖，把空氣打進奶油。攪拌至乳白狀即可。
3. 先加入蛋黃並使用打蛋器攪拌，再加入薑泥攪拌。
4. 加入低筋麵粉，然後矽膠刮刀的刀面保持直立，用切拌的方式攪拌。以切5次、翻1次的節奏拌勻即可。麵粉容易殘留在鋼盆邊緣，記得全部刮下來拌在一起。攪拌至表面不平整的團狀後，即可停止攪拌。
5. 用矽膠刮刀壓一壓麵團，把麵團表面壓至平整。
6. 把麵團放在2張烘焙紙之間，用擀麵棍擀成約25×20㎝的長方形ⓐ，麵皮厚度約3㎜。要使用烘焙紙而不用保鮮膜，這樣表面比較不會產生皺紋。
7. 用料理鐵方盤裝著麵皮，放進冷凍庫冷藏約10分鐘。麵皮冰過之後會變硬，方便壓模。
8. 用喜歡的餅乾模模壓出餅乾形狀，放在鋪好烘焙紙的烤盤上排好。
9. 放進烤箱烘烤（每一台烤箱的烘焙時間會有些落差，所以要根據烤色調整時間）。直徑4㎝左右的餅乾大約烤11分鐘，直徑6㎝左右的餅乾大約烤14分鐘。
10. 放在散熱架上冷卻。

※也可以裝進透明包裝袋，用來裝飾聖誕樹。

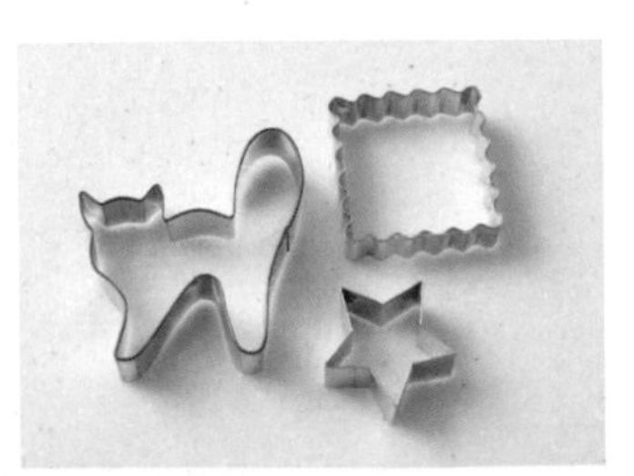

用自己喜歡的餅乾模

看著餅乾模逐年增加，也是一種樂趣。

不用烤箱也能做的超簡單甜點

用小火慢蒸出細緻綿密的口感

Pudding
布丁

隔著熱水慢慢蒸，就完成細緻綿密的布丁！用平底鍋也能做出美味的布丁

普通作法

○加熱過程中若出現孔洞，也難以察覺
○布丁出現孔洞的話，吃起來就會乾乾粗粗的

marimo的作法

◆ 可以一邊觀察一邊調整火候
◆ 口感細緻又綿密

雞蛋溫潤柔和的風味
與甜中帶苦的焦糖最合拍

布丁

冷藏1～2天

材料 160mℓ的耐熱玻璃布丁杯3杯

雞蛋…2顆（110g）
細砂糖…40g
鮮奶…220g
香草油…5滴
〈焦糖液〉
細砂糖…20g
冷水…½大匙（7.5g）
熱水…½大匙（7.5g）

事前準備

・將布丁杯塗上薄薄一層的植物油（額外份量）。
・將直徑26㎝的平底鍋注入冷水至高度約2㎝，加蓋後煮沸。

作法

1 製作焦糖液。將細砂糖與冷水放進可微波容器裡，微波爐設定為600W，加熱約3分鐘。加熱後的糖液約為180℃，建議使用可微波的耐熱玻璃碗。塑膠容器的耐熱溫度只有約140℃，盡量避免使用。加熱約2分鐘時先觀察狀態，視情況慢慢追加時間，一次追加15秒即可。糖液加熱到最後，靠著容器的餘溫就能變色，所以要暫停片刻，觀察狀態。

2 糖液呈現焦糖色後，即可注入熱水。由於溫度很高，熱水一碰到糖液就會飛濺，所以要戴上手套慢慢地注入熱水。冷水與糖液之間的溫度差會導致焦糖液凝固，因此要使用熱水。

3 趁著焦糖液尚未凝固前倒入布丁杯ⓐ。

4 把蛋打入鋼盆，攪散後加入細砂糖，並使用打蛋器緩緩攪拌。快速攪拌會讓蛋液產生氣泡，請盡量避免。

5 把鮮奶倒入可微波容器，微波爐設定600W，加熱約2分鐘，使鮮奶溫度超過75℃。盡量提高鮮奶的溫度，這樣布丁液的溫度也會比較高，最後加熱時就不用耗費太多時間。

6 將步驟**5**的熱鮮奶慢慢加進步驟**4**ⓑ，攪拌至細砂糖全部溶解。再加入香草油一起攪拌。

7 使用萬用篩網過篩布丁液ⓒ，並使用廚房紙巾吸附表面的氣泡ⓓ，最後倒進步驟**3**的布丁杯。

8 把事先煮滾熱水的平底鍋鋪上布巾，再放入布丁杯排好。蓋上鍋蓋並保持一點空隙ⓔ，用小火慢蒸15～25分鐘。使用玻璃杯可以觀察布丁的狀態，假如布丁出現孔洞，就要把火候調弱。加熱時間會因為火候及平底鍋的大小而有些落差。可以搖一搖布丁杯，假如整個表面都出現均勻的搖晃波紋，就代表完成；若只有最中間出現搖晃的波紋，就要再繼續加熱。

9 關火，蓋緊蓋子再燜10分鐘。

10 取出平底鍋中的布丁，放涼後再放進冰箱冷藏。

11 布丁脫模。先把杯底泡在熱水裡約20秒，讓焦糖融化，再用湯匙背把杯緣處的布丁輕輕往中間撥，讓布丁與杯子分離後，用盤子倒蓋布丁杯，把布丁倒扣在盤子裡。用手抓好杯子與盤子，一起左右搖晃，就能讓布丁脫落。

point

先準備好布丁杯，趁著焦糖液
尚未冷卻之前注入杯中。

point

先消除一些氣泡，倒入容器時
才不會留下泡泡。

point

鍋蓋別蓋緊，這樣鍋裡的溫度才不會太高。
覺得布丁快要出現孔洞時，就把蓋子再打開一點。

做成一大盒，想吃多少就切多少

Pumpkin Pudding

南瓜布丁

耐熱的玻璃保鮮盒除了用來製作甜點，也能用在其他地方，還能觀察布丁的加熱狀態，可謂一舉兩得

普通作法

○大型布丁的加熱時間較長，所以容易產生孔洞，不容易控制火候

marimo的作法

◆ 可以一邊觀察一邊調整火候
◆ 南瓜的香甜與焦糖達成最佳平衡

用風味濃郁的南瓜味做出
香醇美味的布丁

南瓜布丁

冷藏 1～2 天

材料 17×8×5㎝的耐熱玻璃盒 1 盒份

※使用 iwaki 的耐熱玻璃保鮮盒

南瓜 … 去籽去瓤重量300g（約¼顆）
雞蛋 … 2顆（110g）
細砂糖 … 40g
鮮奶 … 220g
〈焦糖液〉
細砂糖 … 20g
冷水 … ½大匙（7.5g）
熱水 … ½大匙（7.5g）

事前準備

・將直徑 26㎝的平底鍋注入冷水至高度約 2㎝，加蓋後煮沸。

作法

1 去除南瓜的籽與瓤，切成約 5㎝大的塊狀後放入可微波容器。去除籽與瓤的 300g 生南瓜在過篩壓泥後約為 180g。表面灑上一些水（額外份量），蓋上保鮮膜。

2 微波爐設定為 600W，將南瓜加熱約 3 分鐘至軟化。假如微波爐為無轉盤設計，加熱 2 分鐘後要把盤子換邊，這樣才能均勻地全面受熱。

3 使用湯匙去除南瓜皮ⓐ。加熱後的南瓜很燙，操作時要小心。

4 使用篩網過篩壓泥，取 180g 的南瓜泥使用ⓑ。

5 同「布丁」（P86）的步驟 **1**～**2**，製作焦糖液。使用要製作布丁的耐熱玻璃容器來製作焦糖液，做好後直接留在容器裡冷卻。

6 把雞蛋打在鋼盆裡，攪散後加入細砂糖，並使用打蛋器緩緩攪拌。快速攪拌會讓蛋液產生氣泡，所以盡量不要快速攪拌。

7 加入步驟 **4** 的南瓜泥ⓒ，攪拌至均勻ⓓ。

8 把鮮奶倒入可微波容器，微波爐設定為 600W，加熱約 2 分鐘，使鮮奶溫度超過 75℃。盡量提高鮮奶的溫度，這樣布丁液的溫度也會比較高，最後加熱時就不用耗費太多時間。

9 將熱鮮奶分次慢慢加進步驟 **7**，攪拌至細砂糖全部溶解。

10 使用萬用篩網過篩布丁液，並使用廚房紙巾吸附表面的氣泡，最後倒進步驟 **5** 的模具。

11 先將煮滾熱水的平底鍋鋪上布巾，再放入保鮮盒。蓋上鍋蓋並保持一點空隙，用小火慢蒸 25～35 分鐘ⓔ。使用玻璃容器可以觀察布丁的狀態，假如出現孔洞，就要把火候轉弱。加熱時間會因為火候及平底鍋的大小而有些落差。可以搖一搖玻璃盒，假如整個表面都出現均勻的搖晃波紋，就代表完成；若只有最中間出現搖晃的波紋，就要再繼續加熱。

12 關火，蓋緊蓋子再燜 10 分鐘。

13 取出平底鍋中的布丁，放涼後再放進冰箱冷藏。

14 布丁脫模。刀子沿著容器內壁，小心地劃一圈ⓕ。用盤子倒蓋玻璃盒ⓖ，把玻璃盒連同盤子一起翻面ⓗ。

point

要隨時注意布丁
有沒有氣泡孔洞。

point

沿著保鮮盒的邊緣劃一圈，
要小心別劃傷布丁。

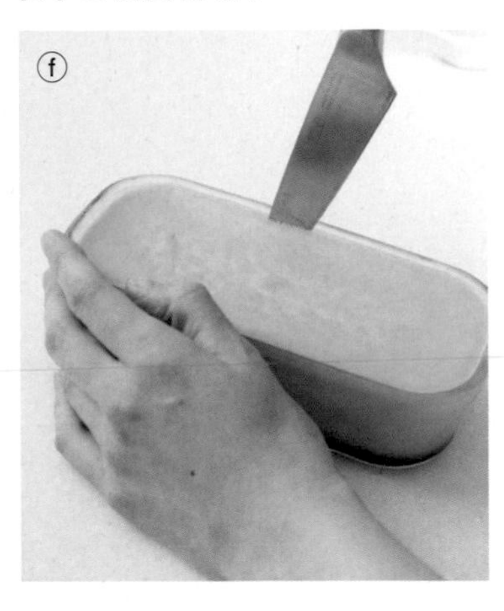

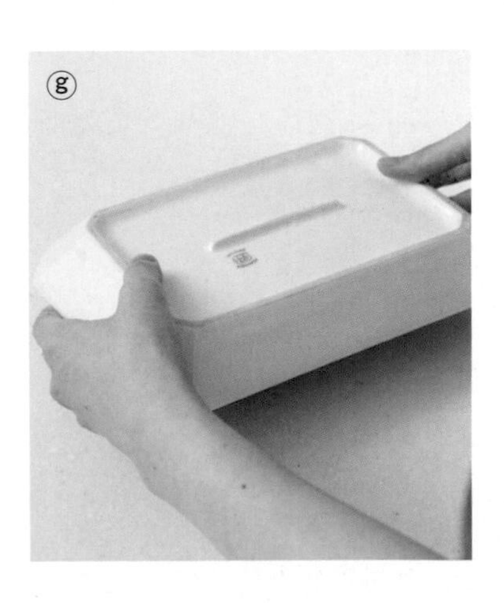

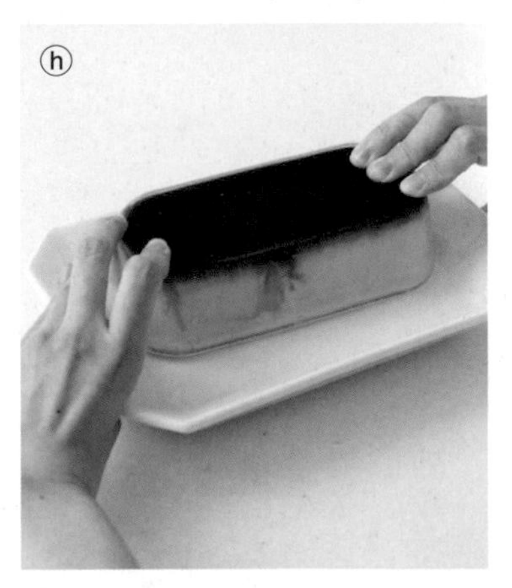

隨時都能做的盤裝甜點

Sugar Butter Crêpe
甜奶油可麗餅

當天

材料 直徑20㎝／8片份

〈可麗餅皮〉

鮮奶 … 130g

雞蛋 … 1顆（55g）

細砂糖 … 20g

低筋麵粉 … 50g

奶油（無鹽）… 10g

沙拉油 … 適量

〈配料〉

奶油（無鹽）… 適量

細砂糖 … 適量

肉桂粉 … 適量

事前準備

・低筋麵粉過篩。

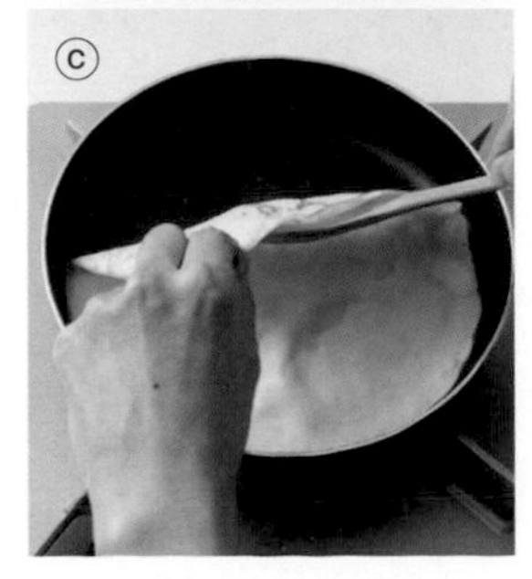

作法

1 製作可麗餅皮。把鮮奶倒入可微波容器裡，微波爐設定為600W，加熱約30秒至鮮奶的溫度與體溫相當。**先將鮮奶加熱，細砂糖會比較好融化。**

2 在鋼盆裡打散蛋液，並加入細砂糖攪拌。

3 加入低筋麵粉，打蛋器與盆底保持垂直，將材料攪成麵糊。看不到粉粒後即可停止攪拌。麵粉容易卡在鋼盆邊緣，記得全部刮下來拌在一起。

4 把加熱好的牛奶分成2次加入麵糊，每次加入時都要用打蛋器垂直攪拌。一次全倒的話，鮮奶與麵糊會很難拌勻，所以要分成2次。

5 把奶油放進可微波容器裡，將微波爐的火力調為600W，加熱約40秒至奶油融化。**奶油加熱過頭會沸騰，並在微波爐裡四處亂噴，要注意別加熱過頭。**

6 將步驟**5**的奶油加入步驟**4**，攪拌至均勻。

7 **使用萬用篩網過篩麵糊**ⓐ。篩除結塊的粉粒，讓麵糊更加滑順。

8 使用廚房紙巾將平底鍋塗上薄薄一層的油。

9 **預熱直徑20㎝的平底鍋。舀起約1湯勺的麵糊倒入平底鍋中，搖晃平底鍋使麵糊均勻分布於鍋底。餅皮如有孔洞，可補上一點麵糊**ⓑ。

10 餅皮周圍變色後，用木鏟翻面ⓒ，再煎5秒後即可關火，取出餅皮。

11 再次舀起相同份量的麵糊倒入平底鍋，接著開火，以同樣的方式繼續煎餅皮。若是使用不沾平底鍋，通常不必再加油就能繼續煎，但如果餅皮會黏在鍋底，每次倒麵糊之前都要再抹一層油。**煎好的餅皮要疊在一起，這樣才不會乾掉。**

12 把可麗餅摺好並放在盤子上，擺上奶油再撒上細砂糖與肉桂粉。

疊一疊就能做出完整的圓形蛋糕

Mille Crêpes

千層蛋糕

巧克力香蕉千層蛋糕

把香蕉片抹上鮮奶油，用鮮奶油填滿空隙，就能讓蛋糕平整又漂亮

普通作法

○餅皮之間擺入水果的話，
就沒辦法疊出漂亮的千層蛋糕

marimo的作法

◆ 成品有漂亮的層次
◆ 使用兩種鮮奶油餡料，吃起來更特別

一口就能嘗到所有食材的美味

巧克力香蕉千層蛋糕

冷藏 1～2 天

材料 直徑20㎝／1顆份

〈千層蛋糕皮〉
鮮奶 … 260g
雞蛋 … 2顆（110g）
細砂糖 … 40g
低筋麵粉 … 100g
奶油（無鹽）… 20g
沙拉油 … 適量
〈巧克力鮮奶油〉
巧克力 … 50g
鮮奶油 … 35g
〈餡料〉
香蕉 … 2條
鮮奶油 … 265g
細砂糖 … 25g

事前準備

・低筋麵粉過篩。

作法

1 同「甜奶油可麗餅」（P94）的步驟**1～11**，煎好10片蛋糕皮，並且疊在一起，以免蛋糕皮乾掉ⓐ。

2 把香蕉切成厚度皆為3㎜的圓片ⓑ。

3 製作巧克力鮮奶油。把切碎的巧克力與鮮奶油放進可微波容器裡，微波爐設定200W，**加熱約1分鐘，取出後稍微搖晃使材料均勻融合，重複3次加熱與搖晃的動作，**總計加熱3分鐘至巧克力融化。如使用市售的板狀零食巧克力，可以不用切碎。

4 用打蛋器攪拌至均勻，靜置冷卻。

5 將餡料用的鮮奶油與細砂糖放進另一個鋼盆，並將鋼盆隔著冰水降溫，用電動攪拌器將鮮奶油打發至8分發。鮮奶油的溫度過高會造成油水分離，因此打發過程要保持低溫。而且還要注意別讓鮮奶油碰到水，否則也無法順利打發。一開始先用低速模式攪拌，再慢慢地移動攪拌棒，這樣才不會往外濺。攪打至稠狀之後就要慢慢提升速度，先升至中速，再切換成高速模式。像畫圈一樣移動攪拌棒，才能均勻地攪拌到全部的鮮奶油。停下電動攪拌器，用攪拌棒撈起鮮奶油，確認鮮奶油呈現軟綿又蓬鬆的樣子就算完成。

6 把一張蛋糕皮放在平坦的盤子裡（使用蛋糕轉台會更方便）。**用矽膠刮刀撈起適量的鮮奶油放在蛋糕皮上，並用刀子把鮮奶油抹平，注意別讓正中間的鮮奶油過多。使用抹刀會更方便塗抹**ⓒ。按照①鮮奶油、②鮮奶油、③鮮奶油與香蕉、④巧克力鮮奶油醬、⑤鮮奶油、⑥鮮奶油與香蕉、⑦巧克力鮮奶油醬、⑧鮮奶油、⑨鮮奶油的順序，將每一片蛋糕皮填上餡料。**鋪香蕉片時要先抹上薄薄一層的鮮奶油，再把香蕉從最外側開始鋪，讓正中間保留空隙**ⓓ。**然後抹上鮮奶油，填平中間的空隙**。抹巧克力鮮奶油醬的方式與抹鮮奶油一樣ⓔ。假如巧克力鮮奶油醬太軟，容易流動，可以隔著冰水降溫，稍微變硬後再使用。**最後蓋上最好看的那一張蛋糕皮**ⓕ。**假如蛋糕皮不小心歪掉，直接用手推到正確的位置即可。**

7 放進冰箱冷藏約2小時，讓鮮奶油稍微變硬。

point

最中間的部分容易堆積太多
鮮奶油，抹平的時候要多注意。

point

若要調整可麗餅皮的位置，
直接用手推至想要的位置即可。

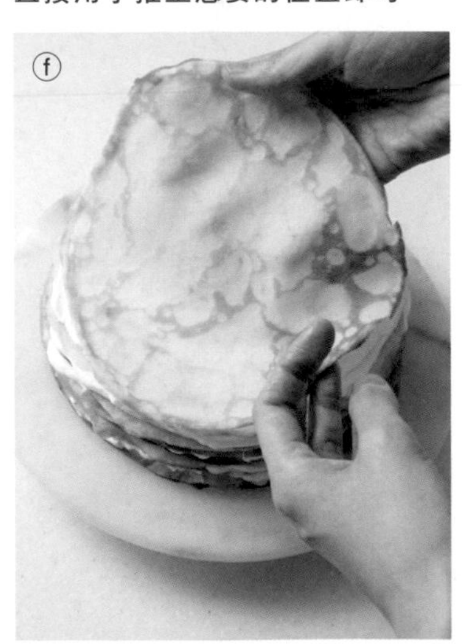

用食物保鮮袋與小烤箱就能製作的超簡單甜點

Sweet Potato

地瓜甜餅

冷藏 1～2 天

材料 2.5cm方塊／16塊

地瓜 … 1條（削皮後重量約250g）
細砂糖 … 25g左右
奶油（無鹽）… 15g
蛋黃 … 1顆份（18g）
鮮奶油（可用鮮奶代替）… 30g左右
香草油 … 6滴
烘焙黑芝麻 … 適量

事前準備

・奶油退冰至常溫。

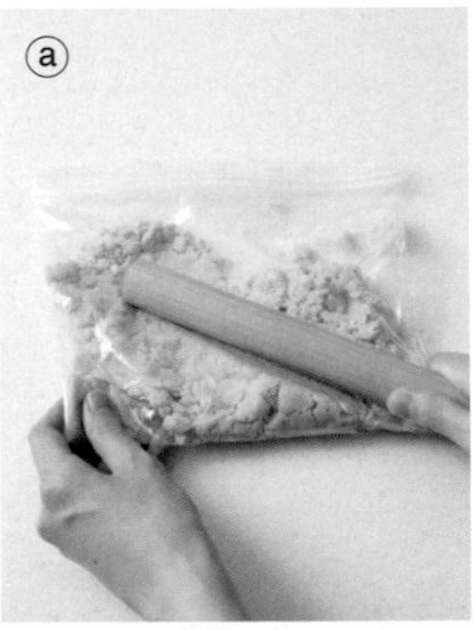
ⓐ

ⓑ

ⓒ

作法

1 地瓜削皮後秤重，取250g使用。切成圓片後稍微泡水，放進可微波容器並蓋上保鮮膜，微波爐設定600W，加熱約5分鐘至地瓜變軟，並取200g使用。假如有烤地瓜的話，也可以直接取200g使用，而且熱呼呼的烤地瓜會更方便。

2 讓地瓜冷卻至不燙手的程度後，放進材質較厚的食物保鮮袋，並使用擀麵棍將地瓜敲打成滑順的泥狀ⓐ。

3 將細砂糖倒入保鮮袋，隔著袋子揉至均勻。每顆地瓜的甜度都不一樣，可以先試味道，再斟酌砂糖的用量。

4 加入奶油，揉至均勻。

5 加入¾份量的蛋黃，揉至均勻。剩下的¼份量還要用來塗抹表面，所以先保留。

6 加入鮮奶油與香草油，揉至均勻。地瓜泥呈現光滑柔順狀即可ⓑ。每顆地瓜的水分都不一樣，可以先試試看地瓜泥的軟硬度，增減鮮奶油的用量。

7 把地瓜泥集中在保鮮袋的底部，整理成約5×2.5×20cm的長條狀ⓒ。

8 用剪刀剪開保鮮袋，再用刀子把長條狀的地瓜泥切成正方體。

9 放在鋁箔紙上排好，使用毛刷將表面塗上蛋黃液，再撒上黑芝麻。沒有毛刷的話，也可以使用湯匙或手指。

10 將小烤箱的火候設定600W，烘烤約8分鐘至表面上色（每一台小烤箱的烘焙時間都會有些落差，因此要根據烤色調整時間）。使用烘焙用烤箱的話，請先預熱至180℃，烘烤約8分鐘。

先以清水煮成紅茶，才能襯托出茶香

Milk Tea Panna Cotta

紅茶奶酪

冷藏 1～2 天

材料 200㎖的容器，4杯份

吉利丁片 … 5g
紅茶茶葉 … 1大匙（6g）
冷水 … 50g
鮮奶 … 250g
細砂糖 … 40g
鮮奶油 … 200g

ⓐ

ⓑ

ⓒ

作法

1 將吉利丁片放入冰水（額外份量）中浸泡5～10分鐘至軟化，水量剛好淹過吉利丁片即可。有時常溫水的溫度較接近溫水，吉利丁片會直接化在水裡，因此才使用冰水浸泡。先將吉利丁片剪成容器面積的一半，會更方便作業。

2 將茶葉及冷水放入小鍋子，開小火加熱。沸騰後才加入鮮奶ⓐ，輕輕攪拌，再繼續用小火加熱約5分鐘ⓑ。要注意別讓鮮奶茶滾到溢出鍋外。

3 使用篩網等工具將鮮奶茶過濾至鋼盆中。

4 將步驟**1**的吉利丁片擰乾，放入鮮奶茶ⓒ，用矽膠刮刀攪拌至溶解。鮮奶茶的溫度很高，因此吉利丁很快就會溶解。

5 鋼盆隔著冰水降溫。由於接下來還要加入鮮奶油，鮮奶茶的溫度若是太高，可能會造成油水分離。另外，提前將鮮奶茶降溫，也能縮短奶酪冷卻與凝固的時間。

6 鮮奶茶過篩第二次，去除較細的茶葉。若有尚未溶解的吉利丁，也能同時一併篩除。

7 加入鮮奶油，以矽膠刮刀慢慢攪拌至均勻即可。

8 注入容器，放進冰箱冷藏2～3小時至凝固。

冷凍至凝固的那一刻，就是口感最佳的賞味時機

Ice Cream

冰淇淋

冷凍 1 週

咖啡冰淇淋

莓果冰淇淋

咖啡與巧克力豆就是絕配

咖啡冰淇淋

材料 4人份

即溶咖啡 … ½大匙（2.5g）
鮮奶油 … 100g
煉乳 … 75g
巧克力豆 … 50g
※請使用可冷水沖泡的即溶咖啡粉。

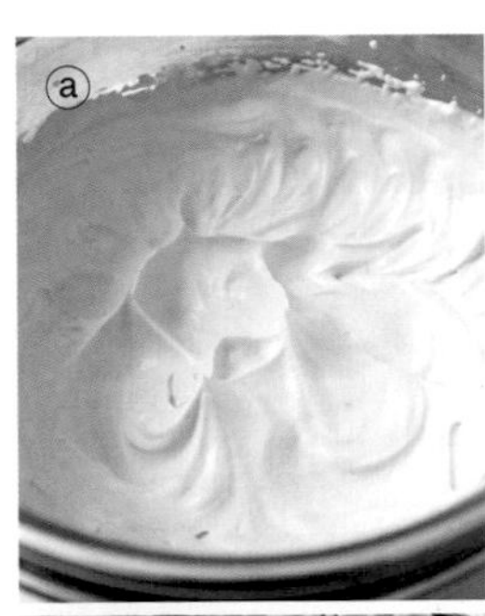
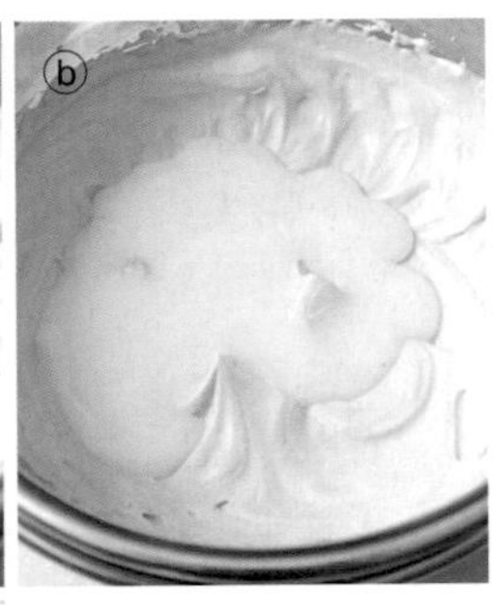

作法

1 即溶咖啡粉倒入鋼盆，再分次倒入鮮奶油，攪拌至咖啡粉溶解。直接使用電動攪拌器的攪拌棒，可以少洗一項工具。

2 鋼盆隔著冰水降溫，用電動攪拌器打至8分發ⓐ。鮮奶油的溫度太高會造成油水分離，因此打發過程要保持低溫。而且還要注意別讓鮮奶油碰到水，否則也無法順利打發。一開始先用低速模式攪拌，並慢慢地移動攪拌棒，這樣鮮奶油才不會往外濺。鮮奶油打至稠狀後，就可以提升速度，先升至中速，再升至高速。且移動攪拌棒要像在鋼盆裡畫圈一樣，才能打到全部的鮮奶油。停止攪拌，用攪拌棒撈起檢查，鮮奶油呈現軟綿蓬鬆的樣子即可。要再三確定鮮奶油是否為最適合的狀態。

3 加入煉乳ⓑ，並用電動攪拌器攪拌至均勻。煉乳本身已有糖分，所以不必再加砂糖。

4 把巧克力豆敲碎，加入步驟**3**，用矽膠刮刀攪拌至均勻分布ⓒ。

5 倒入容器。嫌麻煩的話，也可以直接用鋼盆裝。

6 放進冷凍庫冷凍3～5小時至凝固。

只有3樣材料，
完美呈現出莓果的酸甜滋味

莓果冰淇淋

材料 4人份

鮮奶油 … 100g
煉乳 … 60g
冷凍綜合莓果（草莓、覆盆莓）… 75g

作法

1 鮮奶油倒入鋼盆並隔著冰水降溫，一邊用電動攪拌器打至8分發，打發方式同「咖啡冰淇淋」（上記）。

2 加入煉乳，用電動攪拌器攪拌至均勻。

3 將冷凍莓果放入材質較厚的食物保鮮袋，揉碎後加入步驟**2**。

4 倒入容器。嫌麻煩的話，也可以直接用鋼盆裝。

5 放進冷凍庫冷凍3～5小時至凝固。

用常溫即可凝固的洋菜做出Q彈的口感

Jelly
果凍

冷藏1～2天

葡萄果凍

蜜桃茶凍

大人小孩都喜歡
葡萄果凍

材料 200mℓ的容器，4杯份

細砂糖 … 1大匙（15g）
洋菜粉 … 5g
葡萄汁 … 300g
無籽巨峰葡萄 … 16顆

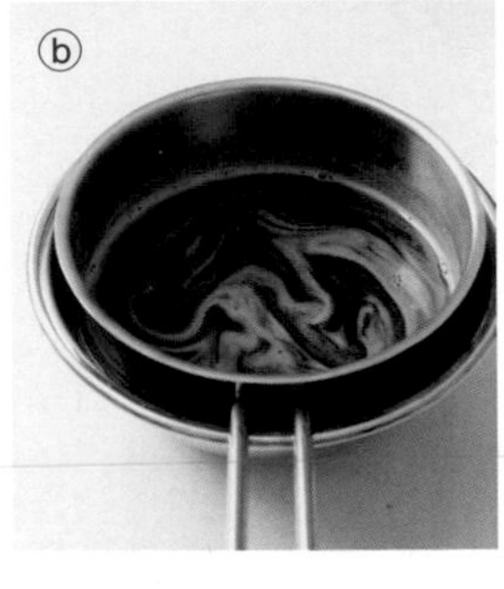

作法

1. 細砂糖先與洋菜粉混合ⓐ。洋菜粉的粉末較細，容易結塊，所以先與細砂糖混合會比較方便操作。
2. 將葡萄汁倒入小鍋子，並將步驟**1**慢慢倒入攪拌。
3. 用迷你打蛋器攪拌，一邊以小火加熱至沸騰。
4. 鍋子離火，隔冰水降溫至與體溫相當的微溫狀態ⓑ。果凍液完全冷卻後的流動性會變差，倒在杯子裡就不會漂亮，因此請多注意。
5. 把去皮葡萄放進杯子，再注入步驟**4**的果凍液。
6. 放進冰箱冷藏2～3小時至凝固。洋菜做的果凍在常溫下也會凝固，不過冰冰涼涼的會更好吃。

散發清新的蜜桃果香
蜜桃茶凍

材料 200mℓ的容器，4杯份

細砂糖 … 1大匙（15g）
洋菜粉 … 5g
水蜜桃茶 … 300g
糖漬白桃（罐裝，對切）… 3片

作法

1. 細砂糖先與洋菜粉混合。
2. 將水蜜桃茶倒入小鍋子，並將步驟**1**慢慢倒入攪拌。
3. 用迷你打蛋器攪拌，一邊以小火加熱至沸騰。
4. 鍋子離火，隔冰水降溫至與體溫相當的溫度。
5. 白桃切成方便入口的大小，先把白桃放進杯子再注入步驟**4**的果凍液。
6. 放進冰箱冷藏2～3小時至凝固。

吃起來的口感比看起來的外表更滑順。揉愈多次就愈綿密

Sherbet

雪酪

芒果優格雪酪

優格雪酪

不可思議的簡單，清爽無比的美味

優格雪酪

材料 4人份

原味優格 … 200g
蜂蜜 … 60g

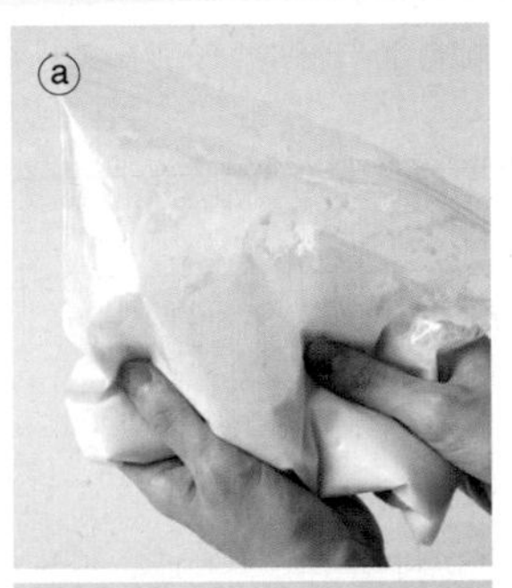

作法

1 把材料全部放進冷凍專用的食物保鮮袋，把材料揉至均勻ⓐ。

2 封緊袋口，放進冷凍庫冷凍2～3小時至結凍。**中途每隔30分鐘就要取出搓揉，將空氣揉進優格**。平放在金屬製的調理方盤，會更快速結凍ⓑ。

用超商就買得到的冷凍芒果

芒果優格雪酪

材料 4人份

冷凍芒果 … 100g
原味優格 … 100g
蜂蜜 … 20g

作法

1 將冷凍芒果放在常溫下約10分鐘，讓芒果稍微解凍。

2 把材料全部放進冷凍專用的食物保鮮袋，把材料揉至均勻。

3 封緊袋口，放進冷凍庫冷凍2～3小時至結凍。**中途每隔30分鐘就要取出搓揉，將空氣揉進優格**。平放在金屬製的調理方盤，會更快速結凍。

選用自己喜歡的水果。白豆沙與水果最對味

Fruit Daifuku

水果大福

當日

材料 8顆份

水果（草莓、鳳梨、晴王麝香葡萄等等）
…8塊
白豆沙 … 200g
糯米粉 … 100g
細砂糖 … 25g
冷水 … 120g
日本太白粉 … 適量

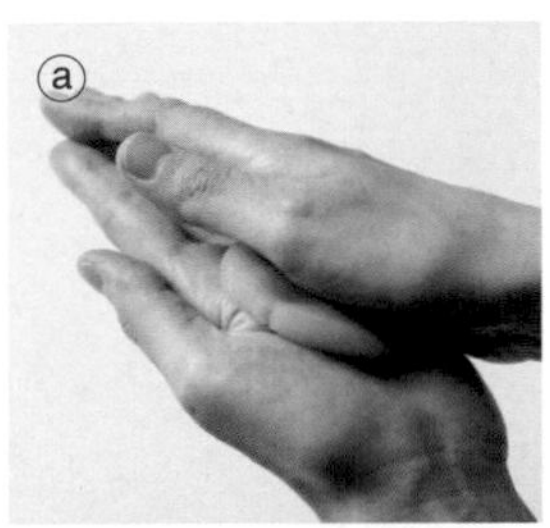

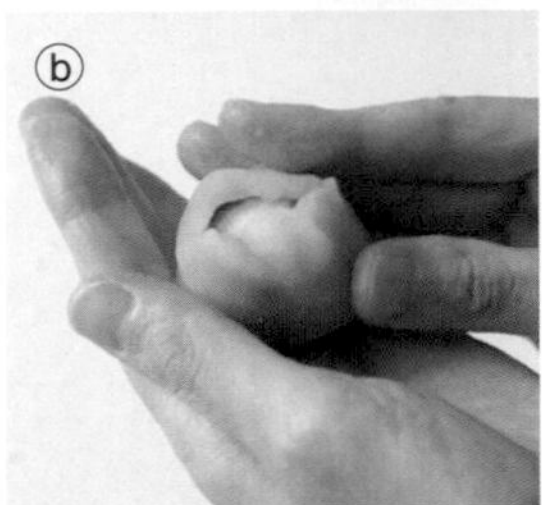

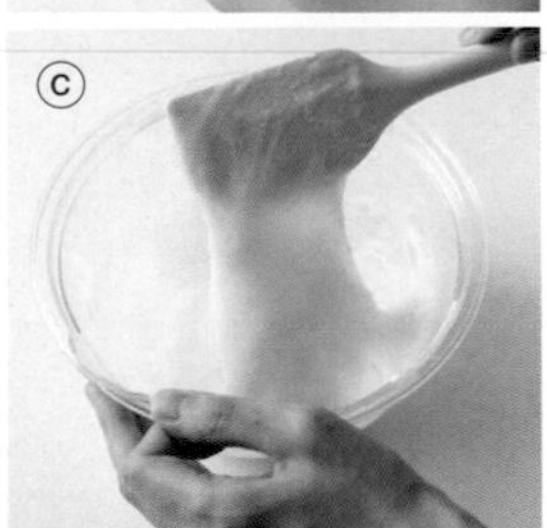

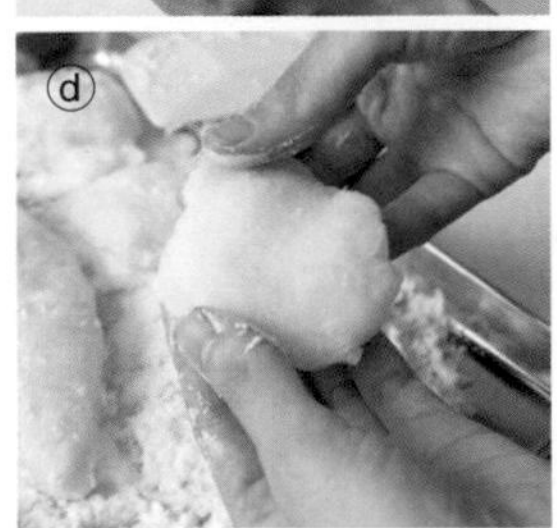

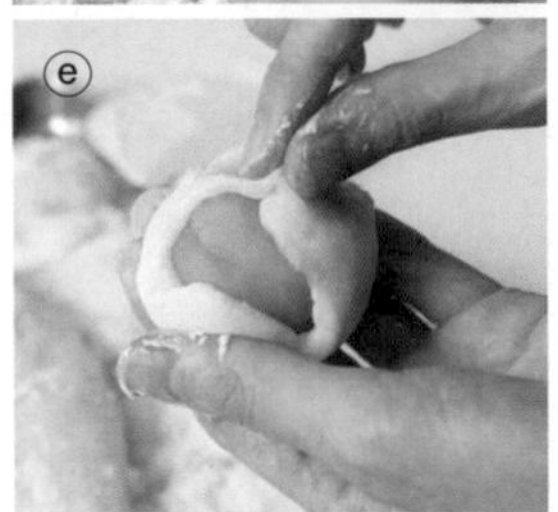

作法

1 鳳梨切成約2cm的大小。草莓請準備個頭較小的。

2 白豆沙分成8等分，搓成圓球後壓扁ⓐ。假如白豆沙的水分較多，不好搓成圓形，也可以用廚房紙巾上下覆蓋豆沙，再用雙手稍微擠壓出水分。

3 取一片豆沙包住一塊水果ⓑ。其餘皆同。

4 將糯米粉、細砂糖、冷水放進可微波容器裡，攪拌至糯米粉溶解。

5 不蓋保鮮膜，直接放進微波爐，設定600W加熱約1分30秒。

6 這時只有一部分的粉漿會變硬，要用矽膠刮刀攪拌均勻，然後再微波加熱1分鐘。攪拌至產生黏性即可ⓒ。

7 將料理方盤撒上太白粉，接著把步驟**6**放在方盤裡。糯米粉團很黏手，所以表面也要撒上太白粉。

8 用矽膠刮刀把粉團切分成8等分。

9 雙手沾一些太白粉，把餅皮捏成更大的薄片，取一顆包好水果的豆沙餡，用餅皮蓋住豆沙餡ⓓ。餅皮完全冷卻就不好拉開，所以要趁熱時操作。注意別被餅皮燙傷。

10 捏緊底部的收口處，把豆沙餡包起來ⓔ。

最想挑戰的夢幻甜點

蘋果翻轉蛋糕

原本鋪在下層的水果跑到最上層，所以稱之為翻轉（上下顛倒）

Upside-down Cake

翻轉蛋糕

先用微波爐加熱蘋果，再淋上用微波爐做的焦糖醬，就成了輕鬆又簡單的焦糖蘋果醬

普通作法

○焦糖蘋果醬的製作步驟很麻煩

marimo的作法

◆ 用微波爐就能搞定蘋果醬與焦糖醬
◆ 少糖的蛋糕配方更能襯托出蘋果的味道

有著漂亮的焦糖蘋果層

蘋果翻轉蛋糕

冷藏 1～2 天

材料 直徑15㎝圓形蛋糕模1個份

〈蛋糕部分〉

蘋果 … 200g（接近1顆）

雞蛋 … 1顆（55g）

細砂糖 … 45g

- 低筋麵粉 … 45g
- 杏仁粉 … 10g
- 肉桂粉 … ¼小匙(0.5g)

奶油（無鹽）… 55g

〈焦糖醬〉

細砂糖 … 40g

冷水 … 2小匙(10g)

熱水 … 2小匙(10g)

事前準備

- 烤模鋪上烘焙紙。
- 粉類一起過篩。
- 奶油隔水加熱至溶化，約50℃。奶油差不多融化後，更換熱水即可維持在50℃。
- 烤箱以180℃預熱。

作法

1 蘋果削皮去籽並切成5㎜的薄片，秤重取200g。

2 蘋果放進可微波容器並蓋上保鮮膜，微波爐設定**600W**，加熱約**3**分鐘至蘋果軟化後，即可掀開保鮮膜，留在容器裡直接冷卻。掀開保鮮膜時會冒出高溫的蒸氣，請多加注意。

3 製作焦糖醬。將細砂糖、冷水放進另一個可微波容器，微波爐設定600W加熱約3分鐘。糖液加熱後約為180℃，建議使用可微波的耐熱玻璃碗。加熱約2分鐘時先觀察狀態，視情況慢慢追加時間，一次追加15秒即可。糖液加熱到最後，靠著容器的餘溫就能變色，所以要暫停片刻，觀察狀態。

4 糖液呈現焦糖色之後，即可分次注入熱水，並靜置一旁至冷卻。容器的溫度很高，會讓焦糖液到處亂濺，所以最好戴上手套操作。冷水與糖液之間的溫度差會導致焦糖液凝固，因此要使用熱水。

5 將蘋果片鋪在烤模底部。先大致排好，再把位置調得更緊密，讓蘋果片無空隙地鋪滿烤模底部ⓐ

6 把蘋果片淋上焦糖液ⓑ，暫置一旁。

7 製作蛋糕部分。把打散的蛋液與細砂糖放進鋼盆，退冰至常溫（約25℃）。雞蛋來不及退冰的話，可以隔水加熱至約25℃。蛋液加熱後可以增加起泡性，讓麵糊更加鬆軟。

8 使用電動攪拌器的高速模式攪打約3分鐘，攪拌棒與盆底保持垂直，將蛋液打發至稠狀。

9 調成低速再打1分鐘，攪拌棒同樣與盆底保持垂直，攪拌的同時也消除表面痕跡。攪拌5秒後就把攪拌棒稍微往旁邊挪，繞一圈消除表面痕跡，讓攪拌棒在每一處都停留約5秒鐘，來消除蛋霜裡的氣泡。
※打發方式請參考「檸檬蛋糕」（P64）的步驟**2**～**3**。

10 粉類分成3次加入，每一次都要用矽膠刮刀把材料從盆底翻起來攪拌ⓒ。請注意要使用刀面的部分來攪拌。將鋼盆想像成時鐘，把刮刀從數字2的位置劃過中間抵達數字8，接著移動到10，最後再回到2的位置。

刮刀從8移動到10的時候，要用左手把鋼盆逆時鐘轉60度，這樣就算刮刀移動的方向都不變，一樣可以攪拌到全部的麵糊。攪拌至沒有粉粒即可停止。

11 把事先加熱至50℃的融化奶油分成3次加入ⓓ，每一次都要用矽膠刮刀把材料從盆底翻起來攪拌。奶油的溫度太低就會凝固，不容易跟麵糊攪拌均勻，所以要先加熱至50℃。

12 使用矽膠刮刀輔助，把麵糊倒入烤模。

13 放進烤箱烘烤約25分鐘，烤出漂亮的烤色（每一台烤箱的烘焙時間會有些微落差，因此要根據烤色調整時間）ⓔ。不確定的話，可以用竹籤戳戳看，看看竹籤上有沒有未熟的麵糊。

14 蛋糕冷卻後，趁著蘋果焦糖醬還沒凝固，用盤子倒蓋住烤模，連同盤子一起翻面，把蛋糕倒扣在盤子裡，最後撕掉烘焙紙。

point

把蘋果排緊密，
脫模以後會更好看。

point

直接把焦糖醬淋在鋪上蘋果片的烤模裡即可。

ⓐ

ⓑ

ⓒ

ⓓ

ⓔ

可享受頂級海綿蛋糕的甜點

Roll Cake
蛋糕捲

草莓蛋糕捲

改變一下塗抹鮮奶油
與擺放草莓夾餡的方式，
更容易捲出好看的蛋糕

普通作法

○捲的時候手忙腳亂，鮮奶油也都往外擠

marimo的作法

◆ 不疾不徐地捲出又圓又好看的蛋糕捲
◆ 海綿蛋糕的口感細緻綿密，入口即化

海綿蛋糕與草莓、鮮奶油譜出的協奏曲

草莓蛋糕捲

冷藏1～2天

材料 24㎝的蛋糕捲烤模1盤份

〈海綿蛋糕〉

- 蛋黃…2顆份（40g）
- 細砂糖…15g

植物油（太白胡麻油等）…15g

鮮奶…25g

- 蛋白…2顆份（70g）
- 細砂糖…30g

低筋麵粉…35g

〈糖漿〉

細砂糖…7g

熱水…13g

〈夾餡〉

草莓…6顆（約85g）

鮮奶油…100g

細砂糖…10g

〈裝飾用〉

鮮奶油…50g

細砂糖…5g

事前準備

- 蛋白放在鋼盆中，放進冰箱冷卻。
- 低筋麵粉過篩。
- 蛋糕捲烤模鋪上牛皮紙。
- 烤箱以180℃預熱。

作法

1 製作海綿蛋糕。將蛋黃與15g的細砂糖放入鋼盆，以電動攪拌器的高速模式攪打約1分30秒。

2 植物油分成2次加入，每次皆以電動攪拌器攪打約40秒。卡在攪拌棒上的蛋霜就用手指抹下來。

3 加入鮮奶，用打蛋器攪拌至均勻，暫置一旁。

4 從30g的細砂糖舀起1小匙，倒入事先冰好的蛋白並用電動攪拌器攪打，其餘的細砂糖再分成4次加入，每次加入都要將蛋白打到起泡（參考「打發蛋白霜」〈P51〉）。

5 將低筋麵粉加入步驟**3**，使用電動攪拌器攪拌，攪拌棒與盆底保持垂直。攪拌至沒有結塊，麵糊呈現均勻的稠狀即可。

6 撈起一些蛋白霜加入麵糊，用打蛋器重複撈起、落下的動作約3、4次，混合蛋白霜與麵糊。

7 再次打發其餘的蛋白霜，再加入步驟**6**，用矽膠刮刀把材料從盆底翻起攪拌至均勻ⓐ。

8 將麵糊倒入烤模，四個角落也都要填滿。使用塑膠刮板將麵糊抹勻，刮板不必轉向，直接將**烤模轉90度，讓刮板刮過麵糊表面**ⓑ。

9 放進烤箱烘烤約14分鐘。

10 取出海綿蛋糕並剝開側面的牛皮紙，把蛋糕連同牛皮紙放在木砧板或揉麵板上。待熱氣散去，再用保鮮膜蓋住。

11 製作糖漿。將細砂糖與熱水放入容器，用湯匙攪拌至砂糖溶解，靜置一旁至冷卻。

12 剝開蛋糕底部的牛皮紙，並用鋸齒刀將蛋糕劃出極淺（約1㎜）的橫向切痕，每條切痕保持1～2㎝的間距。捲在裡面的蛋糕要劃出間距較窄的切痕，並斜切掉一些蛋糕捲尾端的蛋糕。

13 用毛刷將蛋糕塗上步驟**11**ⓒ。一樣放在砧板上，放進冰箱冷藏。由於接下來還要抹上鮮奶油，這麼做是為了不讓鮮奶油遇熱軟化。

14 準備餡料。每顆草莓切成4～6塊。將餡料用的鮮奶油、細砂糖放入鋼盆，隔冰水降溫，一邊用電動攪拌器打至**8分發**。

15 舀起8成左右的鮮奶油霜放在蛋糕上，用抹刀抹平ⓓ。蛋糕捲前端約1㎝的海綿蛋糕不必抹鮮奶油，尾端約⅓的海綿蛋糕抹上薄薄的鮮奶油即可。

16 把草莓鋪在鮮奶油上面，鋪的範圍為海綿蛋糕的前⅔，一共鋪成4條橫排，每排要保持等寬的間距，而且要稍微把草莓往下壓。把剩餘的鮮奶油抹在草莓上，填平空隙ⓔ。

17 手抓著牛皮紙，慢慢地把蛋糕往前捲緊ⓕ。假如還有剩下的鮮奶油，就用來填補兩端不足的部分。

18 用牛皮紙包住蛋糕捲，放進冰箱冷藏30分鐘以上。如果要冰過夜，則要用保鮮膜包起來，以免蛋糕太乾。

19 鋸齒刀先加熱，用鋸的方式切成方便享用的厚度。

20 將裝飾用的鮮奶油打發，方式同步驟**14**，打發後用湯匙舀起放在蛋糕捲上。

point

抹平上半部分約⅔的麵糊後，就把烤模轉90度，重複至全部抹平。

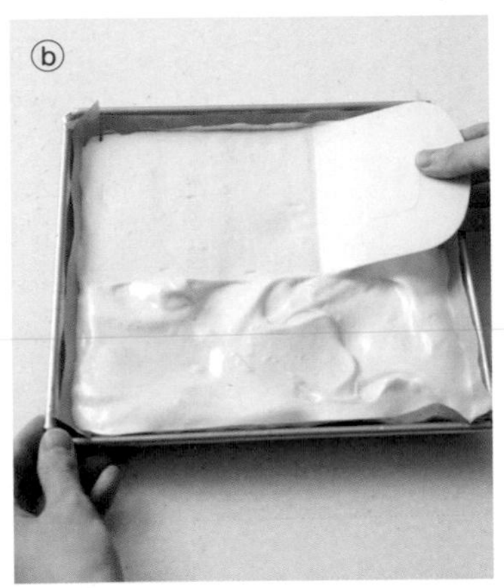

蛋糕劃出切痕會更好捲，劃好再塗上糖漿。雖然費工夫，滋味卻更好。

point

用鮮奶油填平草莓之間的空隙，捲起來更好看。

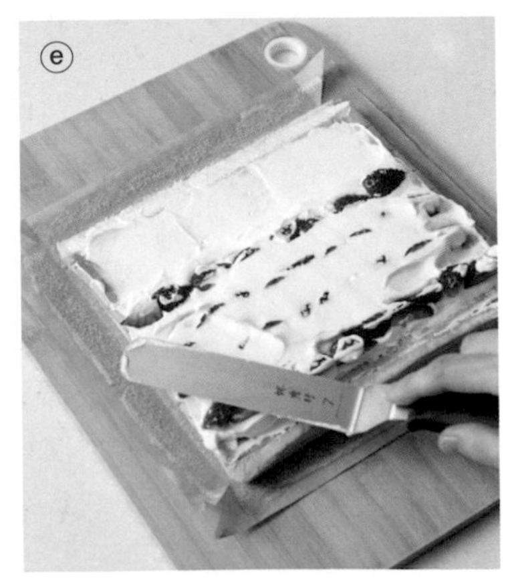

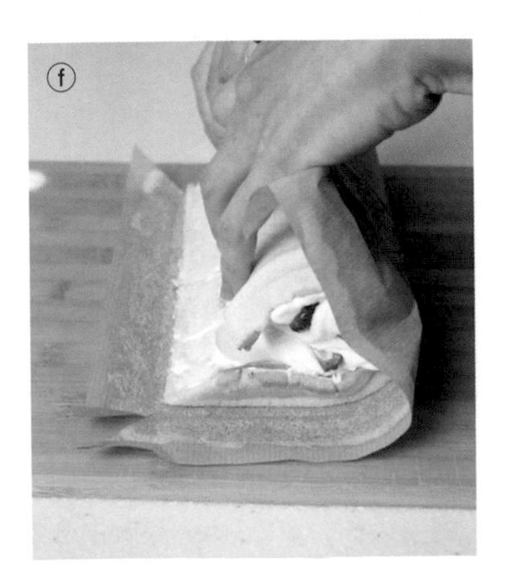

用香氣濃郁的黃豆粉做出和風口味的甜點

黃豆粉栗子蛋糕捲

冷藏1～2天

材料　24㎝的蛋糕捲烤模1盤份

〈海綿蛋糕〉
- 蛋黃 … 2顆份（40g）
- 細砂糖 … 15g

植物油（太白胡麻油等）… 15g
鮮奶 … 25g
- 蛋白 … 2顆份（70g）
- 細砂糖 … 30g

低筋麵粉 … 20g
黃豆粉 … 15g

〈糖漿〉
細砂糖 … 7g
熱水 … 13g

〈夾餡〉
鮮奶油 … 120g
細砂糖 … 12g
黃豆粉 … 8g
澀皮煮栗子 … 6顆（約120g）

〈裝飾用〉
鮮奶油 … 80g
細砂糖 … 8g
黃豆粉 … 6g

事前準備

- 蛋白放在鋼盆中，放進冰箱冷卻。
- 低筋麵粉與黃豆粉一起過篩。
- 蛋糕捲烤模鋪上牛皮紙。
- 烤箱以180℃預熱。

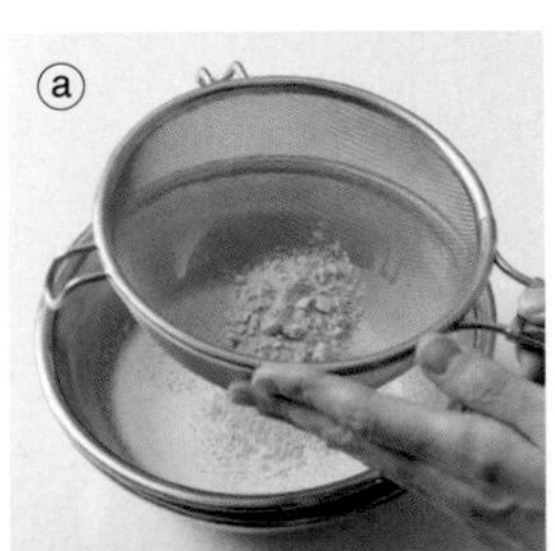
ⓐ

ⓑ

作法

1　同「草莓蛋糕捲」（P116）的步驟**1**～**10**，完成海綿蛋糕並放涼。但在步驟**5**時，黃豆粉與低筋麵粉要一起加入。

2　製作糖漿。將細砂糖與熱水放入容器，用湯匙攪拌至砂糖溶解，靜置一旁至冷卻。

3　剝開蛋糕底部的牛皮紙，用鋸齒刀將蛋糕劃出極淺的切痕（約1㎜），每條切痕要保持1～2㎝的間距。斜切掉一些蛋糕捲尾端的海綿蛋糕。

4　**用毛刷將蛋糕塗上步驟2**。蛋糕一樣放在砧板上，放進冰箱冷藏。

5　製作餡料用的鮮奶油。先將餡料用的鮮奶油、細砂糖放入鋼盆，再把黃豆粉過篩加入ⓐ。使用同樣大小的鋼盆裝冰水，放在原本的鋼盆底下隔水降溫，用電動攪拌器把鮮奶油打至8分發。

6　舀起8成左右的鮮奶油霜放在蛋糕上，用抹刀抹平。蛋糕捲前端約1㎝的海綿蛋糕不必抹鮮奶油，尾端約⅓的海綿蛋糕抹上薄薄的鮮奶油即可。

7　把栗子橫鋪成1列在鮮奶油上面，鋪的位置約在蛋糕捲的前⅓處，而且稍微把栗子往下壓。

8　**把剩餘的鮮奶油抹在栗子的兩側，填平空隙**ⓑ。

9　用手抓著牛皮紙，慢慢地把蛋糕往前捲緊。假如還有剩下的鮮奶油，就用來填補兩端不足的部分。

10　用牛皮紙包住蛋糕捲，放進冰箱冷藏30分鐘以上。如果要冰過夜，則要用保鮮膜包起來，以免蛋糕乾掉。

11　將裝飾用的鮮奶油打發，方式同步驟**5**，用矽膠刮刀把鮮奶油隨意抹在蛋糕捲的表面。**表面的鮮奶油要比內餡的鮮奶油軟一點，抹起來才會更好看**。

12　先用直火（或熱水）加熱鋸齒刀，再用鋸的方式把蛋糕捲切成方便享用的厚度。每切完一次就要用廚房紙巾把刀子擦乾淨，斷面才會好看。

巧克力塔

酥脆塔皮散發濃濃的香氣

Tart

甜塔

擀開塔皮後就要仔細地入模，沿著烤模側邊壓緊塔皮，不留一點空隙

普通作法

○塔皮容易變硬

marimo的作法

- ◆ 酥脆的塔皮與滑順的奶油餡非常合拍
- ◆ 不論塔皮還是奶油餡，都是時髦又成熟的深黑色

入口即化的巧克力奶油餡

巧克力塔

冷藏 2～3 天

材料 16㎝的塔模1個份　※使用活動底塔模

〈塔皮〉
奶油（無鹽）… 30g
糖粉 … 15g
雞蛋 … 5g
低筋麵粉 … 40g
可可粉 … 4g

〈餡料〉
巧克力 … 75g
鮮奶油 … 60g
水飴糖漿 … 15g
奶油（無鹽）… 35g
（依個人喜好）白蘭地 … ½小匙（3g）

〈裝飾用〉
可可粉 … 適量
開心果 … 適量

事前準備

・將烘焙紙剪出與塔模大小一致的圓形，並將邊緣剪出約4㎝的切口。
・烤箱以180℃預熱。

作法

1　製作塔皮。**奶油放進鋼盆，退冰至常溫（約20℃）。**奶油還太硬的話，就用矽膠刮刀一邊壓一邊攪拌至光滑柔順狀。

2　糖粉分成2次加入，每次加入都要用打蛋器攪拌ⓐ。攪拌至奶油霜呈乳白狀即可。

3　加入打散的蛋液，用打蛋器攪拌。

4　加入已過篩的低筋麵粉與可可粉，以切拌的方式用矽膠刮刀混合ⓑ。**刮刀的刀面要保持直立，拌的時候就像在切東西一樣。**看不到粉粒後，再用刮刀把麵團壓平整。

5　**把麵團搓成圓柱狀，再壓成扁平的圓片**ⓒ。上下都用保鮮膜包住，假如塔皮太軟，就先放進冰箱冷藏約10分鐘。

6　一邊轉動塔皮，一邊用擀麵棍把塔皮擀成更大片ⓓ，**至少要比塔模大上一圈**ⓔ。

7　剝掉下層的保鮮膜，將塔皮連同上層的保鮮膜一起放入塔模，**讓塔皮貼緊塔模，側面的部分也要緊密貼合**ⓕ。修整塔皮，多出來的部分就用大拇指抹掉ⓖ。抹下來的塔皮可以用來填補厚度不足的部分。

8　用叉子將整塊塔皮戳出許多小洞，放進冷凍庫約10分鐘，讓塔皮變硬。

9　蓋上剪好切口的圓形烘焙紙，放上塔石加壓，沒有塔石就使用紅豆ⓗ。將塔模放在烤盤上，放進烤箱烘焙約12分鐘，取出塔石後再烘烤約10分鐘。

10　連同塔模一起放在散熱架上冷卻。

11　製作餡料。把巧克力放進鋼盆，隔水加熱至融化。**巧克力融化後就換一盆熱水，讓溫度維持在45℃。**

12　把鮮奶油與水飴糖漿放進可微波容器，**微波爐設定600W加熱約30秒，再用湯匙攪拌至水飴糖漿溶解，並讓溫度維持在45℃。**將鮮奶油糖漿倒入巧克力的鋼盆，以打蛋器輕輕攪拌。

13　加入已退冰至常溫（約20℃）的奶油，以打蛋器輕輕攪拌。可依個人喜好加入白蘭地，最後將巧克力醬倒入巧克力塔皮ⓘ。放進冰箱冷藏1～2小時至巧克力醬凝固。

14　巧克力塔脫模。使用濾茶網撒上可可粉，再用碎開心果裝飾。

ⓐ

point

用切拌的方式混合，麵粉不會產生黏性，才能讓口感酥脆。

point

先搓成圓柱狀再壓扁，會更容易擀成圓片。

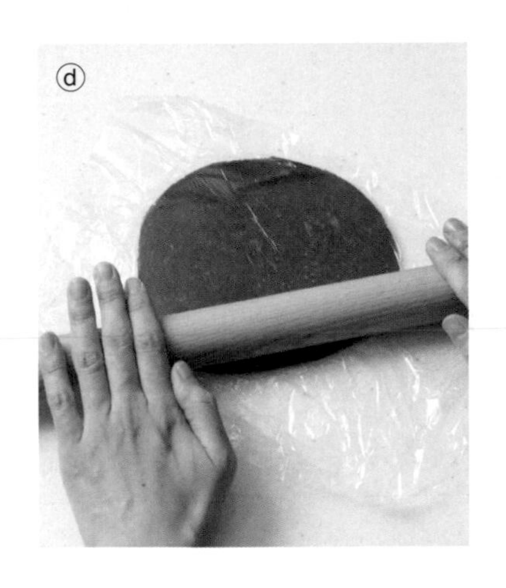

point

材料的份量剛好，不會剩下太多，塔皮的厚薄度也剛剛好。

point

把塔皮壓進每個縫隙，同時隔著保鮮膜輕輕刮掉多餘的塔皮。

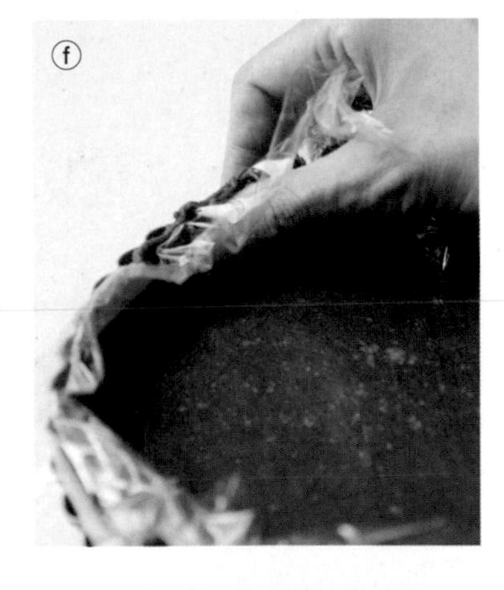

結語

～用美味甜點點綴美好時光～

曾有朋友拜託我教他們做甜點，而那已經是7年前的事。我們在朋友家的廚房製作甜點，3個人一起做出磅蛋糕時，我心裡想著：「原來把自己的知識與技術傳授給別人，看著他們學會的開心模樣，是一件這麼開心的事！」而那一刻，我也開始夢想著將來要以製作甜點為職業。隔年，我有幸在一間甜點教室擔任講師，再後來我也成立了自己的工作室，開設甜點教室。

許多學員都期待每個月來上課（有時候甚至還是搭著新幹線來！），托他們的福，我的甜點教室有時甚至一個月會有10次以上的課程（現為2022年1月，目前舉辦不定期的線上講座）。每次上課我都會示範，但有幾次上課做出來的成品就是有些落差。明明我的作法都一樣，到底是哪裡不對呢？我思考之後，才驚覺：「原來是雞蛋的溫度！」退冰至室溫的雞蛋會受到當天氣溫的影響，每一次的雞蛋溫度都不太一樣，進而影響到蛋霜的打發狀態，所以蛋糕的膨發程度才會出現落差。

於是，我便找出了製作時「關鍵重點」，避免重蹈覆轍。例如：雞蛋的溫度要保持在「25℃」、使用電動攪拌器攪打「3分鐘」等等。這些叮嚀看起來很囉唆，但製作時只要掌握這些重點就不會有太大的問題，所以我可以很放心地製作，學生們也可以順利無誤地做出美味的甜點。而這本甜點食譜書，就詳細記載了許多的「關鍵重點」。

假如各位親身體會到只要每次都遵守這些重點，就能製作出美味的甜點，我也會感到非常地開心。

而我之所以能夠設計出詳細記錄「關鍵重點」的食譜，都是因為有這些總是帶著滿滿熱情來上課的學員們，我衷心感謝他們。

另外，這本甜點食譜書的甜點，有些也是由IG的粉絲投票所決定的，像是磅蛋糕或餅乾的口味、檸檬蛋糕的糖霜淋法等等。感謝我的粉絲們一直以來的支持，真心感謝！今後我也會繼續在IG上面分享更多美味的甜點。

最後，我要謝謝三木小姐為這本書拍攝了許多漂亮的照片、謝謝佐佐木小姐為甜點設計出充滿魅力的造型、謝謝美術編輯高橋小姐為本書設計了精美的排版，以及感謝讓我出版這本書，並將內容編排得更加淺顯易懂的KADOKAWA出版社原田編輯。非常謝謝你們！

還有各位工作人員、我親愛的朋友們、一直支持我的家人們，真的非常謝謝你們！

祝福這本書的每一位讀者，都能有一段美好的時光。

2022年1月　marimo

攝影：三木麻奈
甜點造型：佐々木カナコ
美術編輯：高橋朱里（マルサンカク）
烘焙助理：青木優衣　永田絹佳　成田麻子　成井史織　茂木沙由美
攝影協助：UTUWA
校正：新居智子　根津桂子
特別感謝：齋藤 裕
編輯協助：細川潤子
編輯：原田裕子（KADOKAWA）

marimo

大學畢業後進入公司工作，同時透過甜點專門學校的通信教育課程學習製作甜點。後來輾轉在各個甜點教室授課，並在2015年以甜點研究家的身分自立門戶。經營甜點教室之餘，也會在社群網路分享食譜或製作甜點的祕訣，大受歡迎。反覆試做以後才研究出的甜點食譜有著公認的好口碑，不管是誰一定都能做出美味的甜點。除了書籍、雜誌或網站上介紹的食譜，也替企業設計專屬的甜點食譜。2021年起成立了線上攝影教室，講解如何拍出更美味可口的甜點美照。

Instagram
@marimo_cafe
官方網站
https://marimo-cafe.com

東京點心教室的私房甜點配方
43道甜而不膩的居家甜點食譜

出　　版／楓葉社文化事業有限公司
地　　址／新北市板橋區信義路163巷3號10樓
郵政劃撥／19907596　楓書坊文化出版社
網　　址／www.maplebook.com.tw
電　　話／02-2957-6096
傳　　真／02-2957-6435
作　　者／marimo
翻　　譯／胡毓華
責任編輯／王綺
內文排版／楊亞容
校　　對／邱怡嘉
港澳經銷／泛華發行代理有限公司
定　　價／350元
初版日期／2022年12月

國家圖書館出版品預行編目資料

東京點心教室的私房甜點配方：43道甜而不膩的居家甜點食譜 / marimo作；胡毓華譯. -- 初版. -- 新北市：楓葉社文化事業有限公司, 2022.12　面；公分

ISBN 978-986-370-487-4（平裝）

1. 點心食譜

427.16　　111016238